환경 프로젝트
우리들의 빗물 이야기 학생 편

환경 프로젝트
우리들의 빗물 이야기 학생편

한무영 · 서은정 지음

리젬

들어가는 말

'빗방울 그려진 그 가로등 불 아랜 보라색 물감으로'

어떤 노래 가사처럼 '세상 사람 모두가 도화지 속에 그려진 빗물처럼 행복하면 좋겠다.'라는 꿈을 꾸던 어느 날이었습니다. 창밖을 바라보고 있는데, 머리를 스쳐 지나가며 한 가지 생각이 불현듯 떠올랐습니다. '그동안 빗물을 어른들의 시각에서 연구해 온 건 아닌가?'라는 것이었습니다.

강연을 나가고 수업을 할 때마다 다음 세대를 위해 빗물을 현명하게 모아야 한다고 강조해 왔지만, 정작 그 아이들이 빗물에 대해 어떤 생각을 하고 있는지는 한 번도 관심을 둬 본 적이 없었던 것입니다. 그런 생각 끝에 빗물에 대한 아이들의 생각을 알 수 있는 기회를 만들어야겠다는 마음이 들었습니다.

그러던 어느 날, '창의적 빗물 이용 경진대회'를 개최해 보는 건 어떻겠느냐는 이야기를 하게 되었습니다. 빗물 이용 경진대회를 통해 빗물 관리의 중요성은 물론 빗물 이용에 관한 관심, 일상 속에서 빗물을 이용하는 방법들에 대한 아이들의 생각을 알아보자는 것이었습니다. 제1회 창의적 빗물 이용 경진대회는 이렇게 시작하게 되었습니다.

빗물을 소재로 한 이 '환경 프로젝트'를 알리기 위해 설명회, 서류 심사, 발표회 및 심사 과정을 지켜보면서, 빗물에 대한 아이들의 다양하고 창의적인 생각에 놀라움을 금치 못했습니다. 공학적인 아이디어부터 빗물에 대한 사람들의 인식을 바꿀 수 있는 아이디어까지, 아이들의 열정적인 모습에 가슴이 벅찼습니다.

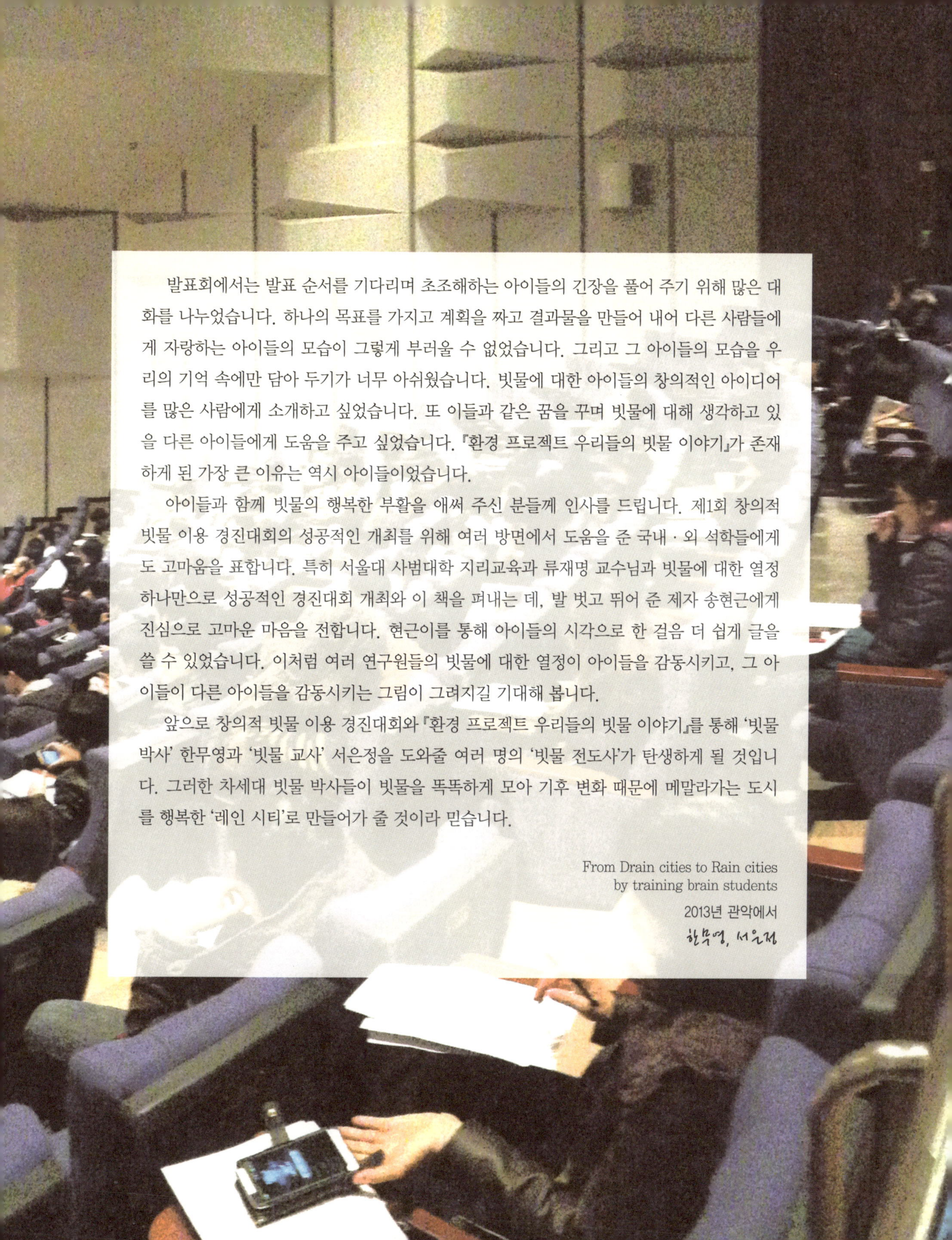

발표회에서는 발표 순서를 기다리며 초조해하는 아이들의 긴장을 풀어 주기 위해 많은 대화를 나누었습니다. 하나의 목표를 가지고 계획을 짜고 결과물을 만들어 내어 다른 사람들에게 자랑하는 아이들의 모습이 그렇게 부러울 수 없었습니다. 그리고 그 아이들의 모습을 우리의 기억 속에만 담아 두기가 너무 아쉬웠습니다. 빗물에 대한 아이들의 창의적인 아이디어를 많은 사람에게 소개하고 싶었습니다. 또 이들과 같은 꿈을 꾸며 빗물에 대해 생각하고 있을 다른 아이들에게 도움을 주고 싶었습니다. 『환경 프로젝트 우리들의 빗물 이야기』가 존재하게 된 가장 큰 이유는 역시 아이들이었습니다.

아이들과 함께 빗물의 행복한 부활을 애써 주신 분들께 인사를 드립니다. 제1회 창의적 빗물 이용 경진대회의 성공적인 개최를 위해 여러 방면에서 도움을 준 국내·외 석학들에게도 고마움을 표합니다. 특히 서울대 사범대학 지리교육과 류재명 교수님과 빗물에 대한 열정 하나만으로 성공적인 경진대회 개최와 이 책을 펴내는 데, 발 벗고 뛰어 준 제자 송현근에게 진심으로 고마운 마음을 전합니다. 현근이를 통해 아이들의 시각으로 한 걸음 더 쉽게 글을 쓸 수 있었습니다. 이처럼 여러 연구원들의 빗물에 대한 열정이 아이들을 감동시키고, 그 아이들이 다른 아이들을 감동시키는 그림이 그려지길 기대해 봅니다.

앞으로 창의적 빗물 이용 경진대회와 『환경 프로젝트 우리들의 빗물 이야기』를 통해 '빗물 박사' 한무영과 '빗물 교사' 서은정을 도와줄 여러 명의 '빗물 전도사'가 탄생하게 될 것입니다. 그러한 차세대 빗물 박사들이 빗물을 똑똑하게 모아 기후 변화 때문에 메말라가는 도시를 행복한 '레인 시티'로 만들어가 줄 것이라 믿습니다.

From Drain cities to Rain cities
by training brain students

2013년 관악에서
한무영, 서은정

차례

1. 환경 프로젝트 알아보기

2. 우리들의 빗물 이야기

이 책은 이렇게 이루어져 있어요

이 책은 학생들이 '환경 프로젝트'를 어떻게 수행해야 하는지 '제1회 창의적 빗물 이용 경진대회'의 사례를 통해 풀어내고 있습니다.

1장에서는 환경 프로젝트란 무엇인지 상세히 소개하고 있으며, 2장에서 빗물을 소재로 환경 프로젝트를 수행한 학생들의 이야기를 담고 있습니다.

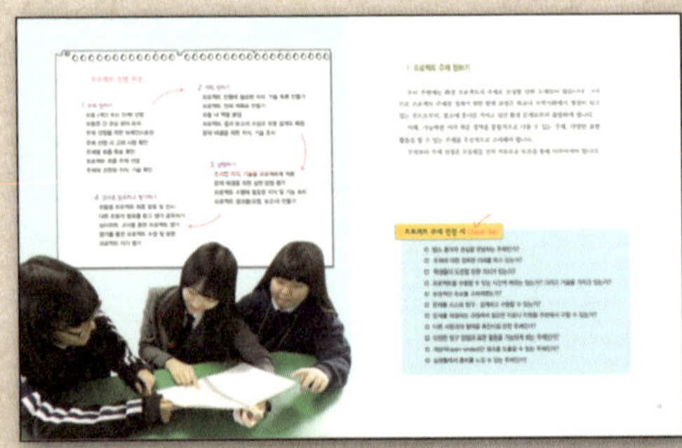

▲ 1장 환경 프로젝트 알아보기

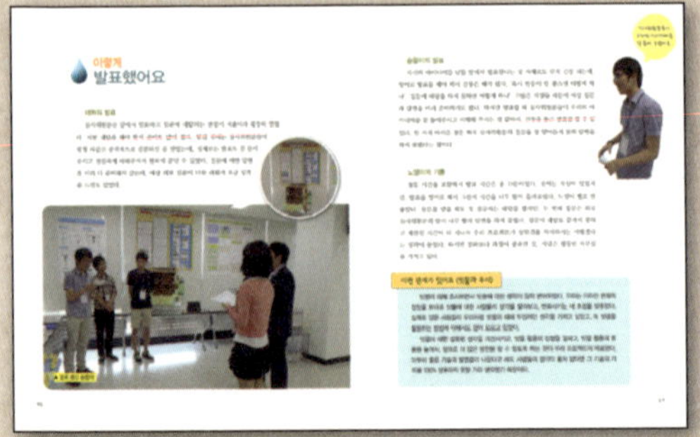

▲ 2장 우리들의 빗물 이야기

1장 환경 프로젝트 알아보기에서는 환경 프로젝트란 무엇인지, 어떤 의미가 있는지, 어떤 과정으로 진행해야 하는지를 살펴볼 수 있습니다. 각 단계는 학생들이 실제 준비해야 할 것들을 구체적으로 이야기하고 있습니다. 각 단계에 맞춰 강조하는 내용을 잘 읽고 그 순서를 차근차근 따라간다면 좋은 환경 프로젝트를 만들 수 있을 것입니다.

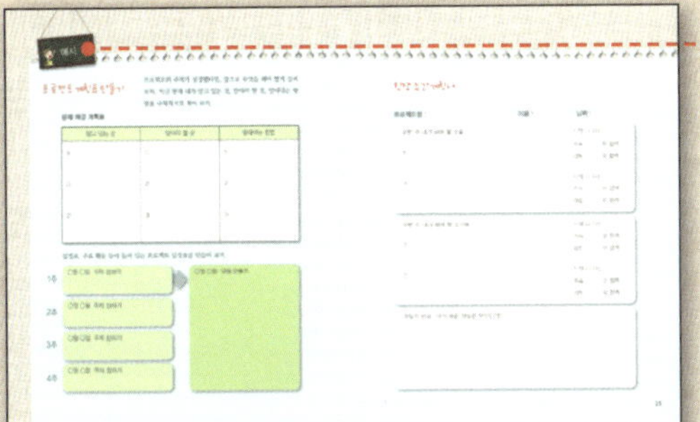

▲ 예시

특히 예시 부분은 학생들이 환경 프로젝트를 하면서 경험해야 할 것들에 대해 알려줍니다. 예시를 참고하면서 예시를 그대로 사용하거나 자신의 상황에 맞게 바꾸어 활용하면 좋을 것 같습니다.

2장 우리들의 빗물 이야기에서는 제1회 창의적 빗물 이용 경진대회를 통해 실제로 환경 프로젝트를 수행했던 학생들의 경험담을 담고 있습니다.

초·중·고 학생들이 빗물을 소재로 어떻게 환경 프로젝트를 진행했는지, 어려웠던 부분은 무엇이었는지, 그리고 그 어려움을 어떤 방법으로 극복했는지를 자세하게 살펴볼 수 있습니다.

실패와 눈물, 성공과 땀을 담고 있는 일곱 팀의 빗물 이야기는 여러분이 새로운 환경 프로젝트를 시작하는 데 좋은 길잡이가 되어 줄 것입니다.

환경 프로젝트
알아보기

환경 프로젝트란?

프로젝트에 대해 공부해 볼까?
프로젝트라는 용어가 어려워요.

그렇지 않아. 어릴 적에 곤충 채집이나 우표 모으기 해 봤지?
이런 것들이 모두 프로젝트라고 할 수 있어.
정말요! 그럼, 어릴 적 놀이들이 모두 프로젝트가 되나요?

그건 아니란다. 공부할 가치가 있거나 중요하다고 생각되는 주제를 깊이 있게 탐구하는 과정이어야 한단다.
그럼 환경 프로젝트는 뭐가 달라요?

환경 프로젝트란 환경과 관련된 주제에 대해 탐구하는 거란다.
아, 그렇군요! 저도 프로젝트에 꼭 참여하고 싶어요.

중요한 것은 환경 프로젝트는 친구나 지역 주민과 함께하고 환경을 개선하는 데 활용된다는 점이야.

많은 아이들이 학교에서의 배움이 무의미하다고 이야기합니다. 수업은 시험을 잘 보기 위한 것 이외에는 필요 없다고 생각하는 것이지요. 한마디로 '왜' 배워야 하는지를 이해하지 못하고 있다는 겁니다.

그러다 보니 아이들에게 교과목은 자신의 삶과는 직접적인 관련이 없는 것처럼 보이고, 반 아이들은 '친구'가 아니라 '경쟁자'로만 생각됩니다.

이러한 교육 현실에서 프로젝트 기반 학습은 아이들 스스로 문제의 해답을 찾아내도록 합니다. 내가 배운 것, 내가 경험한 것이 어떻게 현실과 밀접한 관련이 있는지를 생각해 보도록 합니다. 혼자보다는 주변 사람들과 함께하기를 유도합니다.

프로젝트를 수행하면서 아이들은 수많은 장벽에 부딪히고, 어떤 주제를 정해야 하는지, 누구에게 물어봐야 하는지 고민합니다. 친구들과 갈등이 생기기도 합니다. 하지만 그 과정에서 아이들은 어느덧 새로운 자신을 발견하게 됩니다. 수학을 잘하고 영어를 못하는 내가 아닌, 리더십이 있고 발표를 잘하며 해맑게 웃는 나를 발견합니다. 고집스러운 내가 아닌 모둠 친구들과 협동하는 나를 찾습니다. 아이들은 친구들과 '함께' 문제를 해결하고 '스스로' 노력한 만큼의 성과를 얻는 귀중한 경험을 하게 됩니다.

물론, 이렇게 되기 위해서는 많은 시간과 노력이 필요합니다. 프로젝트 기반 학습이 당장 학교 공부에 도움이 된다고 보기도 어렵습니다. 프로젝트 기반 학습은 기존의 학교 교육과는 달리 학생의 주도로 이루어지기 때문에 이러한 방식에 익숙하지 않은 아이들은 프로젝트를 주도해 나가는 것이 어렵게 느껴질 수 있습니다.

여러분은 이 책에서 프로젝트를 주도하는 과정을 배울 수 있습니다. 이 책은 창의적 빗물 이용 경진대회에 참가한 학생들의 프로젝트 과정을 소개하고 있습니다. 그 과정에서 학생들이 자신에게 닥친 어려움을 어떻게 대처했는지 생생하게 살펴볼 수 있습니다.

프로젝트란, 특정 목표를 효과적으로 달성하기 위해 여러 사람들이 함께 노력하는 과정을 통틀어 말합니다. 이러한 프로젝트 과정은 창조적인 아이디어와 주제에 대한 깊이 있는 사고가 필요합니다. 또한 다양한 지식과 기술, 사람들 간의 협력과 소통을 필요로 하기 때문에, 두 명 이상이 모여 모둠을 짜서 진행하는 것이 좋습니다.

프로젝트를 통한 교육은 100년 넘게 진행되어 왔습니다. 이러한 프로젝트 교육은 최신 학습 이론들과 학생 개인의 능력 함양을 결합한 교육 과정이라고 할 수 있습니다. 이러한 프로젝트 교육은 사고 능력을 길러 주며, 다양한 방식으로 문제를 해결하도록 하여 사고의 폭을 늘려 주는 역할을 합니다. 이 때문에 프로젝트를 '교과 내용상의 지식 습득뿐만 아니라 문제 해결 능력을 길러 줄 수 있는 교육'이라고 정의할 수 있습니다.

프로젝트에 참여하게 되는 학생들은 평소 관심을 가지고 있던 환경 관련 내용들 중에서 더 자세히 알아보고 싶은 것을 주제로 선정합니다. 그 후, 주제에 대해 필요한 문제 해결 방법, 탐구 방법들을 논의하여 단기간 또는 장기간 동안 연구를 진행합니다.

이러한 연구를 통해 환경 관련 문제를 해결하고, 자연 환경에 좀 더 다가선다면, 이것을 '환경 프로젝트'라고 할 수 있습니다.

환경 프로젝트에서 중요한 것은 환경 관련 주제를 선택하고, 그에 알맞은 계획을 세우고, 실행하며, 그 결과물을 친구나 지역 주민들과 나누어 우리 지역의 환경 문제를 알리는 것입니다.

특징	· 창의적인 문제 해결 능력을 기를 수 있다.
	· 전문적이고 실생활에 응용 가능한 지식을 습득할 수 있다.
	· 학생들의 흥미를 유발하고 협동 능력을 길러 줄 수 있다.
장점	· 지식을 머리로 습득하는 것뿐만 아니라 체험을 통해 직접 몸으로 습득할 수 있다.
	· 문제 해결 능력, 의사 결정 능력, 의사소통 능력을 기를 수 있다.
	· 실생활과 관련된 여러 분야의 주제와 쟁점에 대해 통합적으로 사고할 수 있다.
	· 모둠 친구들 간의 의사소통을 통해 긍정적인 협력 관계를 기른다.
단점	· 잘못하면 시간 낭비, 혼란스러움, 잘못된 개념 성립 등의 우려가 있다.
	· 지식과 능력을 배양하기보다는 단순한 절차나 활동이 될 위험이 있다.
	· 개개인의 효과를 객관적으로 평가하기가 어렵다.

학생들은 주제에 관한 연구를 진행하면서 주제 선정 당시 생각하지 못하였던 다양한 문제에 부딪히고 한계에 이르면서 어려움을 겪게 됩니다. 그러나 그 어려움들을 극복하는 과정에서 학생들은 교과서에서 배울 수 없는 문제 해결 능력과 의사소통 능력, 끈기, 용기, 지혜를 몸소 터득할 수 있습니다.

프로젝트 진행 과정

1 주제 정하기
· 모둠(개인 또는 단체) 선정
· 모둠 친구들과 관심 분야 토의
· 주제 선정을 위한 브레인스토밍●
· 주제 선정 시 고려 사항 확인
· 주제별 최종 목표 확인
· 프로젝트 최종 주제 선정
· 주제와 관련된 지식, 기술 확인

2 계획하기
· 프로젝트 진행에 필요한 지식, 기술 목록 만들기
· 프로젝트 전체 계획표 만들기
· 모둠 내 역할 분담
· 프로젝트 결과 보고서 구성과 모형 설계도 확정
· 문제 해결을 위한 지식, 기술 조사

3 수행하기
· 조사한 지식, 기술을 프로젝트에 적용
· 문제 해결을 위한 실천 방법 평가
· 프로젝트 수행에 필요한 지식 및 기능 숙지
· 프로젝트 결과물(모형, 보고서) 만들기

4 결과를 발표하고 평가하기
· 모둠별 프로젝트 최종 발표 및 전시
· 다른 모둠의 발표를 듣고 생각 공유하기
· 심사위원, 교사를 통한 프로젝트 평가
· 평가를 통한 프로젝트 수정 및 보완
· 프로젝트 자가 평가

● 브레인스토밍(brainstorming)
자유로운 토론으로 창조적인
아이디어를 끌어내는 일.

1 프로젝트 주제 정하기

우리 주변에는 환경 프로젝트의 주제로 선정할 만한 소재들이 많습니다. 그러므로 프로젝트 주제를 정하기 위한 과정은 가정, 학교, 지역에서 발생하는 환경 문제에 대한 걱정에서부터 출발하게 됩니다. 또 주변의 아름다운 자연환경에 대한 흥미에서부터 출발하기도 합니다.

환경 문제 또는 자연환경에 대한 주제라고 해서 반드시 환경 교육에만 적용해야 하는 것은 아닙니다. 여러분은 이러한 주제를 수학, 과학, 사회, 미술, 음악 등 다양한 교과의 내용에서 다룰 수 있습니다.

무엇보다 주제 선정은 모둠 친구들 간의 자유로운 토론을 통해 이루어져야 합니다.

프로젝트 주제 선정 시 Check-list

- ☐ 평소 흥미와 관심을 유발하는 주제인가?
- ☐ 주제에 대한 정확한 이해를 하고 있는가?
- ☐ 학생들이 도전할 만한 가치가 있는가?
- ☐ 프로젝트를 수행할 수 있는 시간적 여유는 있는가? 그리고 기술을 가지고 있는가?
- ☐ 환경적인 요소를 고려하였는가?
- ☐ 문제를 스스로 탐구 · 설계하고 수행할 수 있는가?
- ☐ 문제를 해결하는 과정에서 필요한 자료나 자원을 주변에서 구할 수 있는가?
- ☐ 다른 사람과의 협력을 촉진시킬 만한 주제인가?
- ☐ 다양한 탐구 방법과 표현 활동을 가능하게 하는 주제인가?
- ☐ 개방적(open—ended)인 결과를 도출할 수 있는 주제인가?
- ☐ 실생활에서 흥미를 느낄 수 있는 주제인가?

모둠 친구들 간의 브레인스토밍을 통해 주제를 좁혀 나가야 합니다. 이때, 자신의 경험은 물론 환경 문제에 대한 신문 기사와 인터넷 검색 등을 활용할 수 있습니다. 그렇게 사고의 범위를 확대하고 창의력을 발휘하여 생각해 낸 아이디어가 프로젝트의 주제로 결정할 만한 가치가 있는지를 최종 검토하고 결정해야 합니다.

주변의 일들을 잘 관찰해야 합니다. 평소에 늘 보던 것들을 다르게 보려고 하는 노력이 중요합니다. 이러한 '다르게 보기'는 쓰레기통의 빈 병을 '빗물 저금통'으로 재탄생하게 만들기도 합니다.

1 내가 먼저 실천하고 행동하면 무언가 만들어집니다

너무 거대한 연구와 캠페인을 계획하여 프로젝트 수행 과정에서 어려움을 겪게 되는 경우가 종종 있습니다. 환경 프로젝트의 가장 중요한 점은 바로 나부터 시작하는 것입니다. 다른 사람의 변화를 바라기 전에 먼저 나를 변화시켜라!

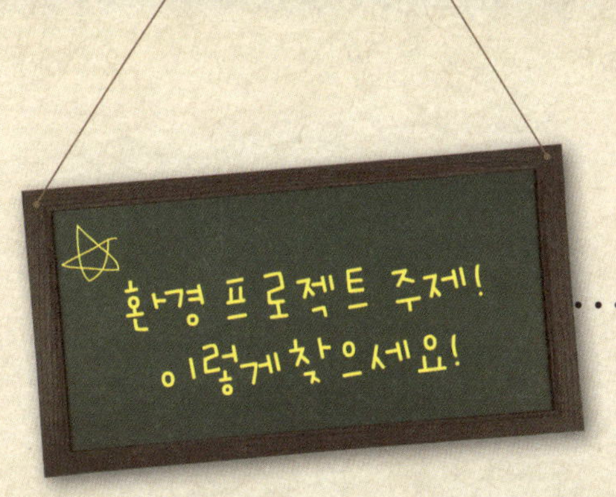

▲ 쓰레기를 줍고 있는 학생의 모습

2 한 번은 아무것도 아니지만 꾸준히 하면 무언가 만들어집니다

환경을 위한 단 한 번의 실천은 누구나 할 수 있습니다. 그러나 이를 지속적으로 관찰하고 기록하면 멋진 프로젝트 결과물이 만들어집니다.

후지산 기록 프로젝트

1960년대 일본의 한 초등학교 선생님이 학생들에게 과제를 내주었다. 매일 후지산 꼭대기의 모습을 일지에 담으라는 것이었다. 학생들은 그날 즉시 과제에 착수했다. 당번들은 눈, 비, 구름 등으로 덮이는 후지산 꼭대기의 모습을 메모했다. 어느새 이 과제는 학교의 전통이 되었고 2000년까지 40년간 지속됐다. 그리고 이 일지는 일본 기상청에 전해져 통계화 됐고 지구 온난화 속도를 측정하는 자료로 활용되고 있다. 꾸준한 메모를 엮어 결과물을 만들어 내는 것, 이것이 프로젝트의 시작이다.

3 혼자하면 힘들지만 다함께 하면 무언가 만들어집니다

지역의 하천을 조사·연구한다고 했을 때, 혼자 한 지역을 조사하는 것보다 여러 사람이 많은 지역을 조사하여 기록하면 더욱더 훌륭한 연구가 될 것입니다. 프로젝트도 마찬가지입니다.

BLUE SKY 프로젝트

이 프로젝트는 50명 이상의 시민들과 청소년이 직접 참여하여 이산화질소를 간이 측정 조사하는 활동이다. 대전시의 측정망보다 15배 이상 많은 100지점 조사(7일 이상 연속 조사)를 여름과 가을에 걸쳐 2회 진행했고, 부산(부산녹색연합) 및 오사카 등 국내외 공동조사(오사카 공해를 없애는 모임)를 실시했다.

4 있는 것을 가져다 쓰지 말고 직접 만들면 무엇이 됩니다

이미 만들어져 있는 도구를 사용하지 않고, 생활에 필요한 것을 직접 만들어 쓰는 것도 프로젝트에 접근하는 좋은 전략 중 하나입니다. 우리가 어디까지 직접 만들 수 있을까요?

▲ 새 집 지름 측정하기

5 과정 중 일부만 하면 아무것도 아니지만 전체를 하면 무언가 만들어집니다

전체 과정을 이해하는 것이 하나의 프로젝트 주제가 될 수도 있습니다.

바나나는 어디서부터 왔을까?

내가 먹는 바나나가 어디서부터 왔는지를 살펴보자. 세계 지도를 꺼내서 거리도 측정해 보고, 바나나가 어떤 가공을 거쳐 우리 식탁까지 전해지는지 그 과정을 살펴보는 것도 의미가 있다.

6 하나만 보면 아무것도 아니지만 관계를 보면 무언가 만들어집니다

나비 곤충 채집

과거에 흔하게 하던 곤충 채집이 오늘날에는 환경윤리적인 면을 고려하여 제한되고 있다. 그렇다면 우리는 곤충에 대한 탐구를 포기해야 할까? 독일의 '숲 유치원'에서는 곤충 개체에 대한 관심을 넘어 곤충의 서식처로 그 관심을 확대하도록 하는 프로젝트를 진행 중이다.

예를 들어, 나비를 따라다니면서 나비가 이동하는 경로와 머무는 곳을 조사하고 기록하여 그 결과를 다시 재현하게 함으로써 나비와 서식처와의 관계를 확대하여 이해하도록 하는 것이다.

뺑뺑이 펌프(Play Pump)

뺑뺑이 펌프는 아프리카의 물 부족 지역에 설치한 물 펌프로, 아이들 놀이 시설과 펌프를 결합하여 적은 에너지로도 학교와 마을에 물을 공급할 수 있도록 한 위대한 발명품이다.

이 펌프가 설치되기 전, 마을은 손을 씻을 물조차 부족해 건강에 심각한 위협을 받고 있었다.

또한 여학생들은 학교에 다니지도 못했고, 학교 급식도 제대로 이루어지지 못했다.

뺑뺑이 펌프는 인간 동력을 사용하여 이러한 지하수 문제, 양성평등 문제, 건강과 위생 문제, 자원재활용 문제, 교육 문제 등을 통합하여 해결한 프로젝트이다.

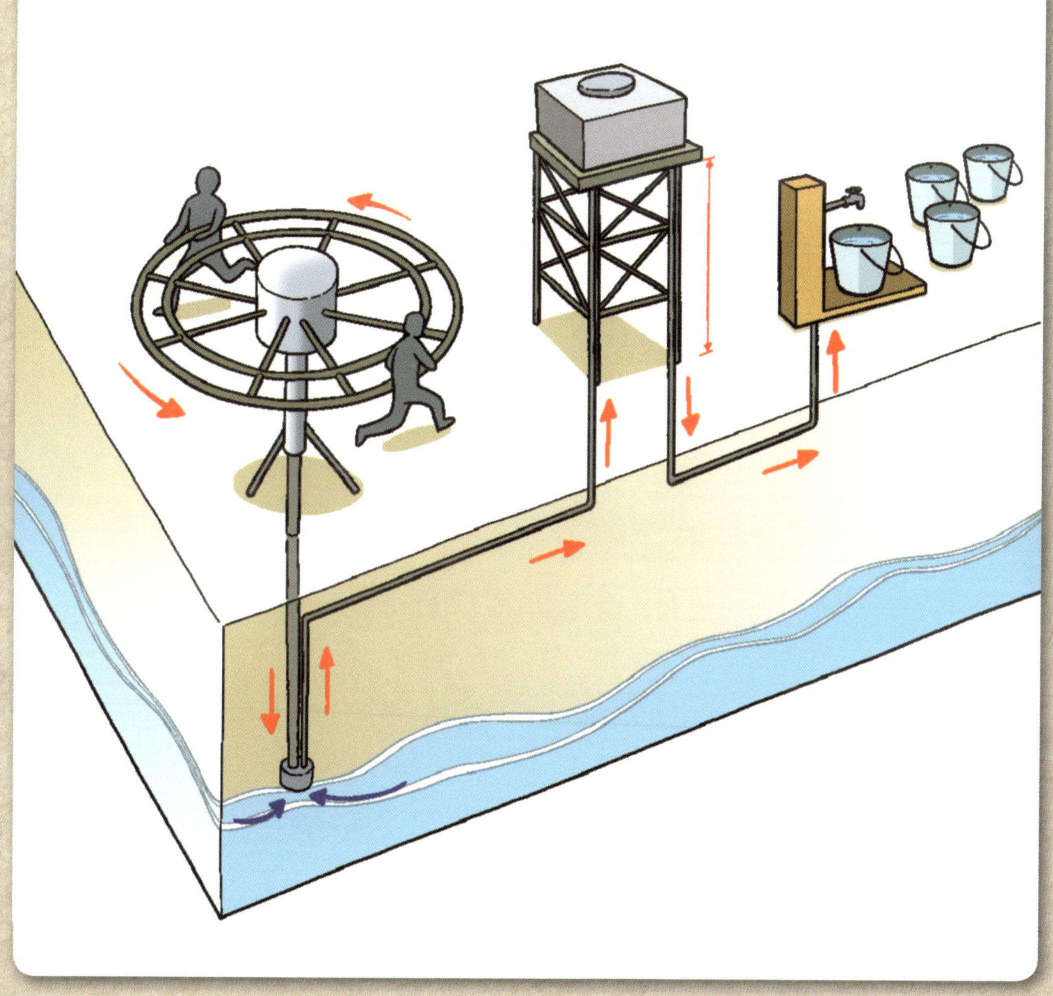

1 내가 사는 지역의 환경 문제를 중심으로 모둠 친구들 간의 브레인스토밍을 진행 후 정리한다.

주제 범위 정하기

아이디어 생각하기

2 탐색한 주제에 대해 질문을 만들고 정리한다.

질문 거리

3 1, 2를 바탕으로 환경 프로젝트의 주제를 정해 본다.

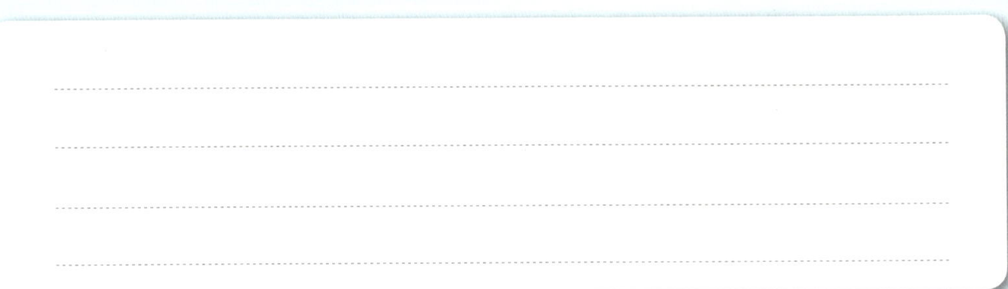

2 프로젝트 계획하기

주제가 결정되면 모둠 친구들의 역할을 분담하고 다음 계획을 세웁니다. 성공적인 프로젝트 수행을 위해 프로젝트 전 과정에 대한 시나리오나 스토리를 만들어 보는 것도 좋은 방법입니다. 그리고 일정표를 만들고, 모둠 친구들의 역할을 분담해야 합니다.

일정표는 프로젝트를 체계적으로 수행하여 최종 목표에 도달하게 하는 지도서 역할을 하게 될 것입니다. 이러한 일정표를 만들기 위해서는 모둠 친구들이 프로젝트 주제에 대해 잘 알고 있어야 할 뿐만 아니라 앞으로 알아내야 할 것, 알아내는 방법 등에 대한 모둠 친구들 간의 논의가 먼저 이루어져야 합니다.

역할 분담은 프로젝트 수행에 필요한 시간, 활동 계획, 모둠 친구들 각자의 장·단점 등을 면밀히 검토한 후에 전체 일정표에 따라 해야 합니다.

일정표 작성과 역할 분담은 상황에 따라 수정이 가능하게 만들어야 합니다. 그리고 프로젝트 수행 과정에서 어려운 점이 발견되면 모둠 친구들이 힘을 모아 해결해 나가야 합니다. 선정한 주제에 대해 브레인스토밍 과정을 거치면서 모둠 친구들 스스로 문제 해결 계획표를 작성해야 합니다.

문제 해결을 위해서는 여러 가지 자료가 필요합니다. 인터넷 검색, 도서관 자료 수집, 전문가 면담 등은 여러분의 목적에 맞게 정리하거나 변형시켜서 사용할 수 있습니다.

이때 교사는 지역의 환경 단체나 관련 기관에서 얻은 자료를 가지고 적절한 연결고리 역할을 해 주어야 합니다. 필요한 경우 지역의 환경 단체들과 협의하여 활동가와 학생 간의 협력을 모색하는 자리를 마련하는 것도 바람직한 지도 방법입니다.

환경 프로젝트를 계획할 때 유의해야 할 점

· 프로젝트의 목적에 맞는 계획이 만들어졌는가?
· 프로젝트 시간에 대한 배분이 잘 이루어졌는가?
· 프로젝트의 수행 방법이 실제로 적용 가능한가?
· 프로젝트 실행 과정에서 정보를 모으는 방법이 올바른가?
· 프로젝트 실행 과정 및 결과 등을 상세히 기록하고 있는가?

프로젝트 계획표 만들기

프로젝트의 주제가 선정됐다면, 앞으로 무엇을 해야 할지 살펴보자. 지금 현재 내가 알고 있는 것, 알아야 할 것, 알아내는 방법을 구체적으로 적어 보자.

문제 해결 계획표

알고 있는 것	알아야 할 것	알아내는 방법
1) 2) 3)	1) 2) 3)	1) 2) 3)

일정표, 주요 활동 등이 들어 있는 프로젝트 일정표를 만들어 보자.

1주 ○월 ○일 주제 정하기 → ○월 ○일 모둠 만들기

2주 ○월 ○일 주제 정하기 → 할 일

3주 ○월 ○일 주제 정하기 → 할 일

4주 ○월 ○일 주제 정하기 → 할 일

학생 주간계획서

프로젝트명 : 　　　　　　　**이름 :** 　　　　**날짜 :**

이번 주 내가 해야 할 것들

1)

2)

시작 나 자신
계속 ＿＿＿＿ 와 함께
검토 ＿＿＿＿ 와 함께

시작 나 자신
계속 ＿＿＿＿ 와 함께
검토 ＿＿＿＿ 와 함께

이번 주 내가 해야 할 조사들

1)

2)

시작 나 자신
계속 ＿＿＿＿ 와 함께
검토 ＿＿＿＿ 와 함께

시작 나 자신
계속 ＿＿＿＿ 와 함께
검토 ＿＿＿＿ 와 함께

주말의 반성 : 내가 배운 것들은 무엇인가?

프로젝트를 하면서 발생한 문제를 해결하기 위해 모둠 친구들은 서로 협동해서 문제를 발견하고 해결해야 합니다.

학생 수준에서의 환경 문제 해결책은 이미 많은 사회단체와 기관을 통해 발표되어 있습니다. 이미 연구된 자료를 잘 살펴보고, 분석하면 큰 도움을 받을 수 있습니다. 또, 전문가들에게 전화를 하거나 이메일을 보내서 의견을 물어보는 것도 좋습니다.

중요한 것은 좋은 정보를 찾아서 우리가 정말 프로젝트의 주제에 맞게 적용하는 것입니다.

필요한 정보를 탐색하고 모으면서, 우리 모둠의 중장기적인 계획을 세워야 합니다. 이때 모둠의 계획은 모둠 전체의 계획뿐만 아니라, 개개인의 활동 계획 모두를 말합니다.

중요한 것은 정보를 찾고 활용하여 모둠이 처한 환경과 프로젝트의 주제에 맞춰 적용시키는 것입니다. 필요한 정보를 탐색하고 수집하기 위해 중장기적인 문제 해결 계획을 미리 세워야 합니다. 모둠 전체 또는 개개인의 활동 계획을 구체적으로 작성해야 합니다.

프로젝트를 수행하는 과정에서 특정한 기술이 필요한 부분들이 있다면 반드시 미리 확인하여 준비해야 합니다. 예를 들어, 설문조사를 위해 설문지를 만들 때 반드시 들어가야 할 몇 가지 중요한 지침, 원칙, 기술 등을 미리 알아보아야 합니다.

본격적으로 프로젝트를 하게 되면, 모둠 친구들 간에 갈등이 생길 수 있습니다. 이것은 흔히 있는 현상이므로 혼자서 너무 고민하지 말고, 모둠 친구들과 솔직하게 이야기하세요. 만약 나만 열심히 한다고 생각된다면, 모둠 친구들이 열심히 하는 모습을 찾으려고 노력하세요.

　　만약 지도 선생님이 주제가 학생들에게 도전할 만한 가치가 없거나 무리하다고
조언을 해주실 경우, 그 말을 귀담아듣기 바랍니다. 이때 지금까지 해온 것이 아깝
다고 끙끙대지 말고, 지도 선생님의 의견을 받아들여서, 주제를 변경하여 조정할
필요가 있습니다.

　　다음의 예시를 참고하여 프로젝트 수행 활동지를 매주 작성하도록 하고 조사한
자료를 잘 정리하도록 지도합니다. 이를 진행 중인 프로젝트에 어떻게 적용할 것인
가를 점검해 줘야 합니다.

예시

프로젝트 수행 계획표

1 프로젝트를 하면서 조사한 내용과 출처를 써 보자.

2 조사 과정에서 무엇을 배웠으며, 이를 어떻게 프로젝트에 적용할 것인지 써 보자.

학생 수행 요약서

날짜 :

이번 수행의 목표

내(우리)가 하고자 하는 것들

내(우리)가 완성하고자 하는 것들

내(우리)가 해야 할 것	방법	이때까지 꼭 하자!

나(우리)에게 필요한 자료 혹은 자원

프로젝트 마무리 단계에서 내(우리)가 보여 줄 것들

누가?

무엇을?

어떻게?

어디서?

발표는 이렇게 진행합니다

▲ 프로젝트 결과물의 여러 유형

발표는 지금까지 자신들이 해온 연구의 결과를 친구들에게 알리고 나누는 중요한 단계입니다.

프로젝트 결과를 발표하기 위한 보고서를 작성할 때는, 정해진 양식이 있는지, 정해진 양식이 없다면 기존의 자료를 참고하여 철저하게 준비해야 합니다. 학습의 결과가 심도 깊게 들어간 보고서를 작성해야 하는 것은 물론이거니와 프로젝트의 주제와 내용에 맞는 모형을 제시해야 합니다.

발표를 통해 최종적으로 프로젝트를 정리하고 미처 생각하지 못했던 결과물의 장·단점을 평가할 수 있습니다. 또, 그 과정에서 의사소통 능력과 발표력을 기를 수 있고 자기 탐구 능력을 개선하는 기회를 가질 수도 있습니다. 뿐만 아니라 발표는 환경 프로젝트에 대한 전체적인 지식을 통합하는 장으로서의 역할을 하기도 합니다.

프로젝트의 규모나 성격에 따라 지역 주민이나 학교 교직원을 초대하여 발표회를 가지는 것도 좋은 방법입니다. 이는 환경 프로젝트에 관한 오해나 편견을 가지고 있는 사람들을 설득하는 과정이 되기도 합니다.

발표 자료는 상황에 따라 다양하게 만듭니다. 여러분이 만든 보고서, 파워포인트, 포스터 등 미리 프로젝트 계획에 포함하여 준비해야 합니다. 또한 발표 자료를 만들기 전에는 반드시 기본적인 유의점과 기술을 익히도록 해야 합니다.

지도교사는 학생들이 '주입식 교육'에 익숙해져 자신의 의견을 다른 사람 앞에서 말할 기회를 많이 가져 보지 못했음을 인지하고 있어야 하며, 학생들이 발표하는 것을 두려워하지 않도록 격려해야 합니다. 또한 학생들에게 발표가 또 하나의 가치 있는 능력을 향상시키는 기회가 될 수 있음을 알려주며 자신감 있는 발표의 동기를 부여해 주어야 합니다.

학생발표사항

프로젝트명 :   이름 :   날짜 :

발표를 통해 사람들이 알게 되는 것

발표에서 나의 역할

성공적인 발표를 위한 나의 계획

이 발표를 통해 배울 수 있는 점은?

발표를 위해 필요한 전자 장비 또는 시각 자료

평가는 이렇게 진행됩니다

환경 프로젝트의 마지막 단계로 최종 결과물에 대한 평가가 진행되어야 합니다.

평가는 적절한 의사 결정 과정을 통해 필요한 정보를 수집, 프로젝트의 주제에 맞게 응용하였는지 등을 판단하는 과정입니다. 이때 우리는 모둠 친구들의 보고서, 파워포인트, 작품 등을 마음껏 칭찬하고 격려할 수 있습니다. 어떤 모둠의 작품은 내가 보기에 하찮게 보일 수 있지만, 그 보고서 하나, 작품 하나에도 모둠 친구들의 땀과 눈물이 있다는 것을 기억해야 할 것입니다. 이를 위해 모둠 친구들뿐만 아니라, 지도 선생님, 학부모, 지역 주민 등이 함께 참여하여 응원하는 평가 방식도 필요합니다.

무엇보다 평가는 '결과보다는 과정 중심, 교사보다는 학생 중심, 개인보다는 모둠 중심'으로 진행되어야 합니다.

뿐만 아니라 프로젝트에 녹아든 지식, 기술, 참여 태도 등을 통합적으로 평가하고 지도 교사의 관찰, 동료들의 평가 등 다양한 평가 도구를 활용해야 합니다.

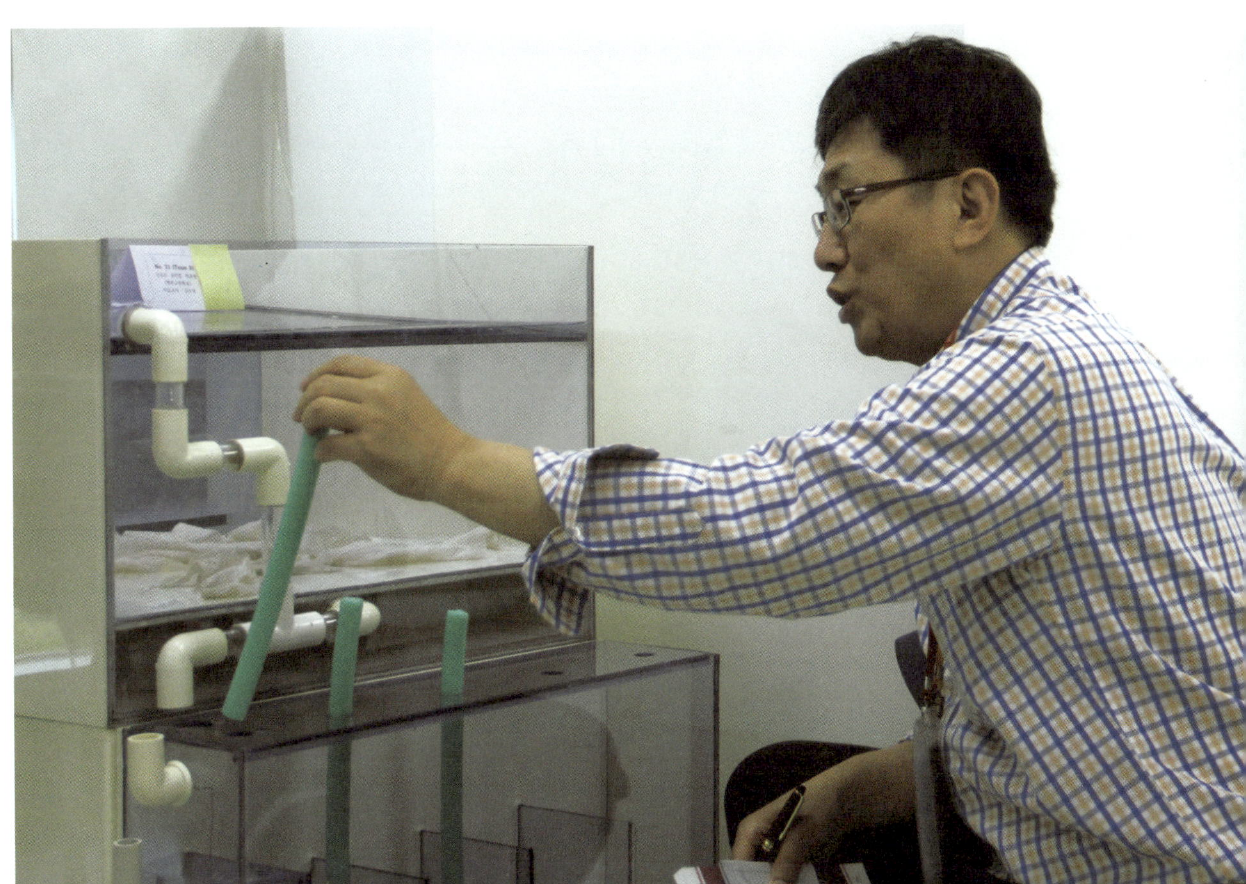

학생 자기 평가

프로젝트 명 :   이름 :   날짜 :

모둠 활동에 기여한 점

모둠 활동을 진행하면서 어려웠던 점

어려웠던 점을 극복했던 사례

모둠 활동을 좀 더 잘 할 수 있는 방안

평가 예시 1 : 자기 평가

평가 항목	⇦ 나쁨　좋음 ⇨					비고
	1	2	3	4	5	
1　나는 문제를 해결하기 위해 계획, 준비, 조사에 적극적으로 참여했는가?						
2　나는 문제에 많은 관심을 갖고 좋은 해결책을 만들기 위해 노력했는가?						
3　나는 문제 해결 과정에 어려움이 있더라도 끝까지 최선을 다했는가?						
4　나는 문제를 해결해 가는 과정에서 흥미를 느꼈는가?						
5　나는 문제를 해결하기 위한 활동에 최선을 다했는가?						
합계	/ 25					

평가 예시 2 : 모둠에 대한 평가

평가 항목	⇦ 나쁨　좋음 ⇨					비고
	1	2	3	4	5	
1　나는 모둠 친구들과 의견을 나눌 때 열심히 참여했는가?						
2　나는 문제 해결 활동에 열심히 참여했는가?						
3　나는 맡은 역할을 최선을 다해 완수했는가?						
4　나는 모든 활동을 마치고 뒷마무리까지 열심히 했는가?						
5　나는 자신의 생각을 모둠 친구들과 함께 이야기했는가?						
6　나는 모둠 친구들의 의견을 귀담아들었는가?						
합계	/ 30					

우리들의
빗물 이야기

지금부터 **신나고 재미있는**
일곱 개의 빗물 이야기가 펼쳐집니다.

아이들이 빗물과 마음껏 뛰어놀도록 하고 싶은 친구들의 이야기 **빗물 놀이터**

빗물을 모으는 귀여운 공룡 이야기 **레이니 사우루스**

빗물에 대한 사람들의 생각을 고민한 이야기 **빗물에 대해 어떻게 생각하나요?**

빗물과 도로 방음벽을 하나로 만든 창의적인 이야기 **빗물을 이용한 환경 방음벽**

빗물을 모아 만든 두 개의 연못에 관한 이야기 **빗물 연못 만들기**

스마트 빌딩의 필수조건이 빗물 이용이라는 친구들의 이야기 **스마트 레인 빌딩**

파라솔 하나로 빗물을 모아 쓸 수 있다는 놀라운 이야기 **빗물 파라솔**

빗물 이야기들은 다음과 같은 작은 이야기들로 이루어져 있어요.

이렇게 소개할래요	프로젝트 소개
이렇게 시작했어요	프로젝트를 하게 된 계기
이렇게 모였어요	프로젝트 모둠 친구들은 어떻게 모였을까요?
이렇게 진행했어요	프로젝트는 어떤 순서로 진행되었을까요?
이런 어려움이 있었어요	프로젝트를 하면서 힘들었던 점은?
이렇게 이겨냈어요	어려움을 어떻게 극복했나요?
이렇게 준비했어요	프로젝트에 필요한 준비물은?
이럴 때 기뻤어요	프로젝트를 진행하며 보람찼던 일은?
이렇게 발표했어요	프로젝트 발표와 평가
이런 효과가 있어요	프로젝트를 통해 얻는 효과는?
이런 관계가 있어요	빗물과 프로젝트는 어떤 의미가 있을까요?
이렇게 생각해요	빗물에 대한 모둠 친구들의 생각은?
이런 기분이 들어요	빗물 프로젝트를 통해 얻은 것들
이렇게 바꿀래요	프로젝트의 성과를 올리는 다양한 방법
이런 경험이 있어요	프로젝트 수행 중에 있었던 일
이렇게 홍보할래요	프로젝트 알리기
이렇게 적용할 수 있어요	프로젝트를 적용하는 방법은?
이런 방법이 있어요	프로젝트 이외의 생각들
이렇게 하면 돼요	프로젝트에 대한 보충 생각

빗물을 가지고 이렇게 다양한 이야기를 할 수 있다니, 놀랍지 않나요?
여러분도 여러분만의 빗물 이야기를 써 보세요.

빗물 놀이터

지도교사 : 문은영 (대전고등학교)

김홍현
김준연
이효준

이렇게 소개할래요 (선생님이 되어 보세요)

여러분 집 주변에도 놀이터가 있지요? 우리는 그 놀이터를 조금 새롭게 바꿔 봤어요. 우리가 바꾼 놀이터에 대해 설명드릴 테니 잘 들어 보세요.

여름에는 비가 많이 오지요? 그리고 비가 내리면 놀이 기구 위에 빗물이 고이는 걸 많이 보았을 거예요. 우리는 그 모습을 보고 '놀이 기구 위에 고인 빗물을 모아서 사용하면 어떨까?'라는 생각을 했어요. '빗물 놀이터'라는 것을 떠올린 거죠.

빗물 놀이터는 여러분이 타고 노는 그네, 미끄럼틀, 시소 등에서 비를 모으는 거예요. 또 모아진 빗물을 여러분들이 직접 가지고 놀 수 있도록 '빗물 놀이 기구'도 생각해 보았어요.

우리가 생각한 놀이 기구를 이용해 여러분은 친구들과 물총 놀이를 하고 누가 누가 물을 멀리 쏘나 같은 시합도 해 볼 수 있을 거예요. 이렇게 빗물 놀이터는 놀이 공간도 되고 모은 빗물을 이용해서 식물을 키우는 장소도 된답니다. 또 놀이터의 지붕은 투명한 소재로 되어 있어서 비 오는 날 지붕 밑에서 비가 모이는 모습을 직접 볼 수도 있을 거예요.

어때요! 빗물 놀이터로 놀러 가고 싶지 않으세요?

▶ 빗물 놀이터

이렇게 시작했어요

처음 빗물 프로젝트에 대해 들었을 때, 빗물이 고여 있는 그네와 미끄럼틀이 가장 먼저 생각났다.

어렸을 때 놀이터에서 노는 것을 정말 좋아했다. 비가 오거나 비가 그치고 놀이터에 물이 고여 있어 놀지 못할 때는 늘 아쉬웠다.

'빗물 때문에 생긴 아쉬움을 오히려 이용하면 어떨까?'

놀이 기구에 고인 빗물을 모으면 좋겠다는 생각을 했다. 놀이터는 아이들이 자유롭게 놀 수 있는 곳이다. 그곳에서 빗물을 모은다면, 아이들이 빗물에 대해 더욱 재미있게 알 수 있을 것이라고 생각했다.

그 무렵, TV에서 놀이 기구를 이용해 물을 마시는 아프리카 어린이들의 모습을 보았다. 그때, 놀이터에서 빗물 모으기가 적절한 아이디어라고 생각했다.

하지만 놀이 기구의 크기를 생각해 보니 빗물을 모을 수 있는 양이 생각만큼 많지 않았다. 그 순간 그네 밑에 물이 고이는 것이 생각났고, 아스팔트 바닥보다 놀이터에 깔려 있는 흙에 빗물이 더 잘 스며든다는 것이 떠올랐다. 그래서 '놀이터 바닥 전체'를 빗물 저장 장소로 이용할 생각을 했다.

이렇게 모였어요

평소 지구과학을 열심히 공부하고, 환경에 대해 관심이 많아 그 분야로 진로를 잡고 있던 홍현이가 먼저 참가를 제안했다. 나 역시 놀이터와 비를 보며 느껴 왔던 것들이 있었고, 새로운 도전을 해 보고 싶어서 모둠에 참가하게 되었다.

창의적 빗물 이용 경진대회 소식을 접하고 학교 내 과학 탐구 동아리 'Science Holic'에서 같이 공부하는 두 친구(김준연, 이효준)에게 참가를 제안했다. 두 친구 모두 흔쾌하게 수락했고 모둠을 결성했다. 평소 학업이나 경진대회에 대한 열정이 많은 친구들이기에 프로젝트를 진행하는 것은 수월했다.

1 놀이 기구 생각하기

회의를 통해 구상한 놀이 기구를 홍현이가 컴퓨터를 이용해 그림으로 표현했다.

그림이 완성되면 다시 회의를 거쳐 놀이 기구 모형 만들기를 준비했다.

2 놀이터 모형 만들기

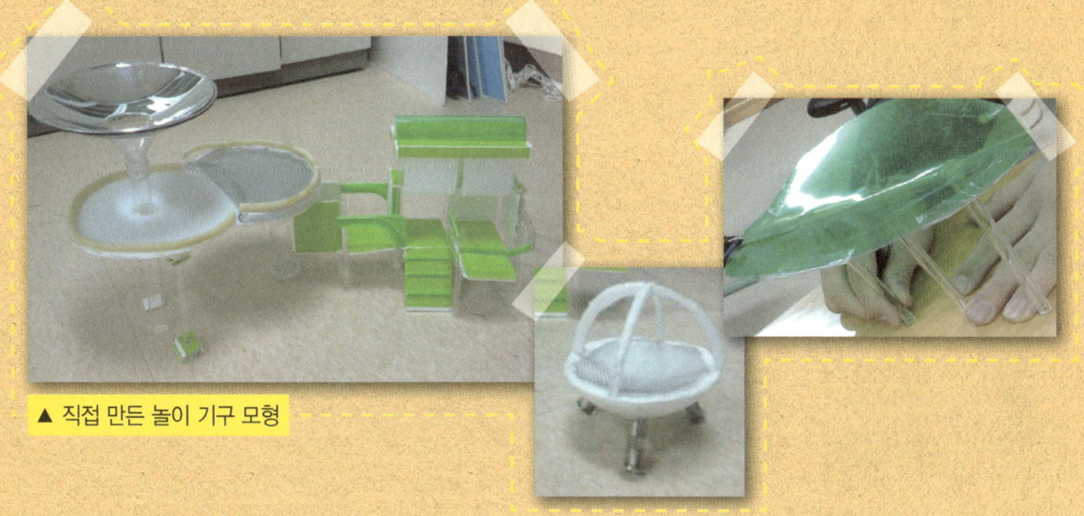

'같은 벤치라도 지붕의 모양에 따라 빗물을 모을 수 있는 양이 달라지지 않을까?'라고 생각했고, 그것을 모형 만들기에 반영하기로 했다.

3 지붕의 모양이 다른 놀이 기구 만들기

놀이터에 직접 가서 여러 놀이 기구의 넓이와 높이를 쟀다. 그리고 각각의 놀이 기구가 얼마만큼의 빗물을 모을 수 있을지를 연구했다. 하지만 연구 결과, 놀이 기구만으로는 많은 양의 빗물을 모을 수 없다는 것을 알았다. 모을 수 있는 빗물의 양을 늘리기 위해 새로운 방법을 찾아야 했다.

'놀이터 바닥을 이용해 빗물을 모아 보는 건 어떨까?'

4 놀이터 바닥 재료 선택을 위한 실험

놀이터 바닥의 재료를 고르기 위해 실험을 준비했다. 빗물을 잘 모을 수 있는 재료를 고르기 위해서였다. 여러 번의 회의를 통해 모래와 폐타이어를 후보로 선택하고 실험을 통해 모래와 폐타이어가 각각 물을 얼마나 흘려보낼 수 있는지를 알아보았다.

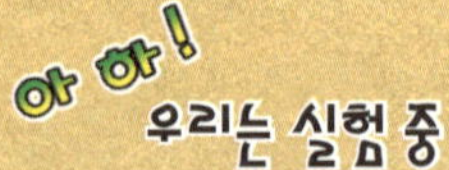

▲ 실험 재료 선택

▲ 물 흘려보내기

▲ 실험의 결과

그 결과 고무(폐타이어)가 물을 더 잘 흘려보내는 것으로 나타났다. 예상과는 다른 결과가 나와 당황스러웠다.

처음에 생각했던 실험 계획을 다시 읽어 보았다. 그리고 우리는 가루 입자의 크기에 따라 물을 흘려보낼 수 있는 양이 다르다는 사실을 알아냈다. 더불어 비교 실험이 올바르게 되지 않았다는 것도 깨달았다. 결국, 재실험을 통해 놀이터 바닥에 쓰이는 고무는 물을 흘려보내기보다는 흡수하며, 모래가 물을 더 잘 흘려보낸다는 것을 알게 되었다.

더불어 놀이터는 아이들이 뛰어노는 곳이므로 안전이 중요하다는 생각을 했다. 그래서 모래와 고무(폐타이어)를 약 50도의 물에서 각각 끓인 후, 그 물에서 식물을 키워 보았다. 어떤 재료가 여름철에 유해한 성분을 더 내뿜는지 알아보기 위해서였다.

▲ 각각의 물에서 식물 기르기

▲ 흙, 모래, 돌의 식물

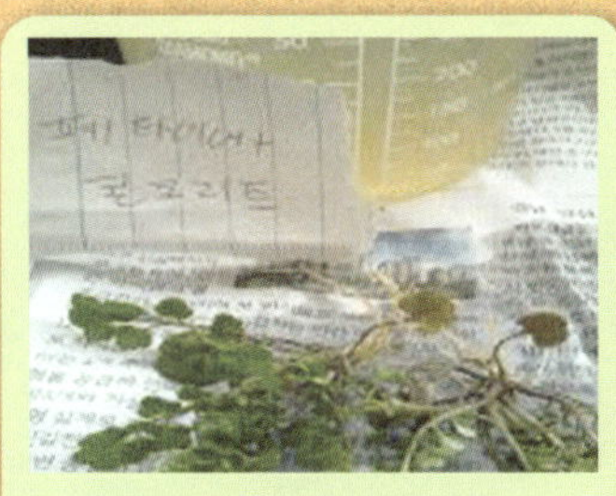

▲ 폐타이어, 콘크리트의 식물

실험 결과 고무를 끓인 물에서 자란 식물이 누렇게 변하는 것을 볼 수 있었다. 따라서 모래를 사용하는 것이 고무를 사용하는 것보다 더 안전하다는 결론을 얻었다.

실험은 이렇게 진행되었고, 모래를 바닥 재료로 최종 선택하고 모형을 만들었다.

▲ 직접 만든 빗물 놀이터

빗물놀이터

어려움이 있었어요

첫 번째 이야기

바닥 재료 선택을 위한 실험을 할 때 정말 힘들었다. 모래와 고무가 얼마나 물을 흘려보내고, 몇 초 만에 물을 흘려보내는지를 실험했는데, 생각과는 달리 고무가 모래보다 2.8초 빠르게 물을 흘려보낸다는 결과가 나왔다. 정말 당황했다. 하지만 실험 계획을 잘 살펴본 결과, 두 재료의 입자 크기가 다르다는 것을 발견했다. 그렇게 시행착오를 겪고 나서 고무가 물을 흘려보내지 않고, 흡수한다는 것을 알게 되었다.

놀이터 바닥 재료의 위험성을 알아보는 실험을 할 때도 생각처럼 결과를 쉽게 얻을 수 없었다. 여러 가지를 생각해 보았지만 답이 나오지 않았다. 모래와 고무에 각각 흘려보낸 물의 수질을 측정하기 위해 연구소에 돈을 들여 맡길 생각까지 했지만, 직접 알아봐야 한다는 생각에 그렇게 하지 않았다. 결국, '그 물에 식물을 심어 보자.'라는 생각을 하게 됐고 실험을 준비했다. 그 과정에서 길거리에 쪼그리고 앉아 가위와 펜치 등으로 폐타이어를 힘들게 잘랐던 것이 기억에 남는다. 자르는 것도 힘들었지만 사람들의 시선을 받는 것이 부끄러웠다.

프로젝트 보고서 제출 기간이 시험 기간과 겹쳐서 정말 힘들었다. 시험공부도 해야 했고, 보고서도 써야 했기 때문에 시험 기간 초반에는 잠을 줄여가면서 보고서를 썼다. 보고서 제출 마감일이 다가왔을 때는 보고서가 더 중요하다는 생각에 11시까지 보고서를 썼다. 결국 공부할 시간이 부족해 시험 결과가 좋지 않았다. 하지만 대회 결과가 좋아서 위안을 삼았다.

처음 해 보는 보고서 작성이 어려웠다. 맨 처음 작성한 보고서를 선생님께 보여드리면 선생님께서 부족한 부분을 조목조목 알려 주셨다. 조언에 따라 보고서를 고쳐 다시 선생님께 보여드렸다. 하지만 또 다시 선생님께서는 보고서의 부족한 부분을 알려 주셨다. 우리는 그 말에 자극을 받아 보고서를 여러번 검토했다. 틀린 부분은 다른 실험으로 보완했다. 그렇게 해서 최종 보고서가 완성되었다.

첫 번째 이야기

빗물을 모을 수 있는 놀이 기구를 정말 다양하게 생각했다. 떠오르는 게 있으면 곧바로 연필로 그려 보았다.

그러다 홍현이가 컴퓨터 프로그램을 다룰 수 있다는 이야기를 듣고 머릿속에 있던 디자인들을 홍현이에게 설명해 주었다. 홍현이가 연필로 그린 그림을 이해하지 못하면 손짓, 손짓이 안 되면 인터넷에서 비슷한 그림을 찾아 설명했다. 그렇게 홍현이와 함께 디자인을 계속 고치면서 빗물 놀이터와 놀이 기구 그림을 완성했다.

그 뒤 빗물 놀이 기구를 모형으로 만들자고 제안했다. 재료는 재활용품들을 사용하기로 했다. 우리 학교뿐만 아니라 다른 학교, 집 주변 쓰레기장까지 돌아다니며 딱 맞는 재료를 찾았다.

두 번째 이야기

손으로 그림을 그리는 일이 어려워 보였다. 그래서 컴퓨터 그래픽을 이용해 디자인했다.

그런데 프로그램이 한글로 설명되어 있지 않아서 프로그램 사용법을 터득하느라 애를 먹었다. 뿐만 아니라 컴퓨터 그래픽이 예술적, 기술적 감각들을 필요로 하는 거라 그 부분 역시 힘들었다.

처음에는 '괜한 벌집을 건드렸나.'라는 생각이 들었다. 포기하고 싶기도 했다. 하지만 프로그램에 대한 책을 사서 읽고 공부하면서 차차 실력이 늘었고 재미있는 작업을 마칠 수 있었다.

이럴 때
기뻤어요

첫 번째 이야기

놀이터 바닥 재료를 결정하는 실험을 할 때였다. 모래와 고무를 각각 끓인 물의 유해성을 비교했지만, 뚜렷한 결과가 나오지 않았다. 때마침 학교에서 나무를 옮겨 심는 작업을 하고 있었고, 그때 불현듯 '모래와 고무를 끓인 물에 식물을 심어 보면 어떨까?'라는 생각을 하게 됐다. 폐타이어를 어렵게 구해 실험을 진행했다. 하루가 지나고 이틀이 지나도 아무런 변화가 없었다. 5일 정도 지나서야 고무를 끓인 물의 식물에서 갈색 반점을 발견했다. '야호!' 1주일이 지나니까 식물은 밑부분이 누렇게 변해 죽었다. 실험 결과가 눈에 보이게 나타나자 정말 기뻤다. 당시 이 실험을 포기하고 돈을 들여 연구소에 맡길까 진지하게 생각도 했었는데, 만족스러운 결과가 나와 더 큰 보람을 느꼈다.

두 번째 이야기

처음 빗물 놀이터 모형을 만들자고 결정했을 때, 솔직히 작은 놀이 기구 한두 개 정도만 만들려고 했다. 하지만 아이디어는 끊임없었고 놀이 기구 수는 차츰 늘어났다. 늘어난 모형을 만드는 일이 무척 힘들었다.

야간자율학습도 하지 않고 주말 내내 많은 시간을 들여 학교 물리실에서 완성했다. 완성된 빗물 놀이터를 보자 정말 뿌듯했다.

이런 관계가 있어요 (빗물과 우리)

빗물 놀이터는 빗물을 모아서 '재미있게' 이용한다는 가치가 있다! 만약 빗물 놀이터가 엑스포 같은 곳에 실제로 만들어진다면, 빗물에 대한 사람들의 부정적인 생각도 바꿀 수 있을 것이다. 또한 빗물을 잘 이용하면 사람들에게 좀 더 많은 이익을 가져다줄 수 있을 것이라 기대한다.

이렇게
발표했어요

첫 번째 이야기

'실수라도 하면 어쩌나' 하고 걱정했다. 걱정과는 달리 심사위원분들이 발표를 열심히 들어주셔서 너무 기뻤다. 우리가 지금까지 생각하고 조사해서 만든 것들을 누군가에게 알린다는 것이 자랑스러웠다.

두 번째 이야기

발표를 잘 못한다면 그동안 겪은 고생이 헛수고가 될 수도 있다고 생각하자 무척 떨렸다. 하지만 우리들 스스로가 뭔가를 열심히 해서 이룩했다는 생각을 하자 자신감을 갖고 즐거운 마음으로 발표할 수 있었다.

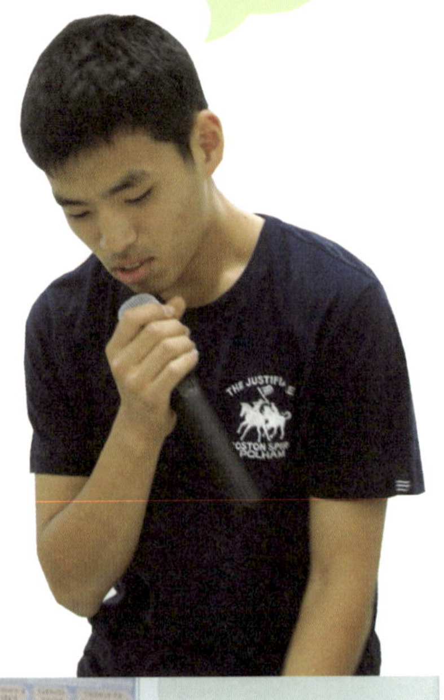

이렇게 생각해요

첫 번째 이야기

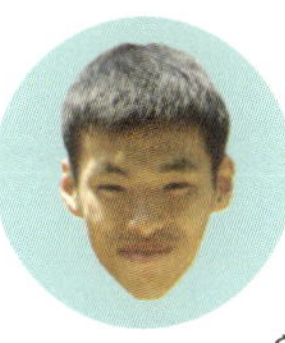

빗물 프로젝트를 수행하기 전에는 비 오는 날이 정말 싫었다. 축축하고 찝찝하고, 여름에는 불쾌지수까지 올라가니까. 하지만 프로젝트를 수행하면서 빗물에 대해 많은 것을 알게 되었다.

빗물 프로젝트를 하면서 항상 빗물을 생각했기 때문에 지금은 비가 오는 날엔 '어떻게 하면 빗물을 모을까?'라는 생각만 한다.

한번은 홍현이와 길을 걸어가고 있는데 갑자기 비가 쏟아졌다. 누가 먼저랄 것도 없이 우리의 대화 주제는 '빗물'로 바뀌었다. 둘 다 그것을 알아채고 피식 웃었다.

두 번째 이야기

빗물 프로젝트를 하기 전까지는 비가 오면 그냥 '비가 오는구나.'라고 생각했다. 체육 수업이 있는 날에 비가 오면 무척 싫었다. 하지만 프로젝트를 하면서 비의 가치를 깨닫게 되었다.

비가 오는 날이면 '저 비를 모아야 하는데, 계속 저렇게 흘려보내기만 하는구나.'라는 생각이 들어 안타깝기도 했다.

지금은 여러 친구들에게 빗물의 가치를 알려 주고, 친구들의 생각을 조금씩 변화시키는 '빗물 전도사'가 되었다.

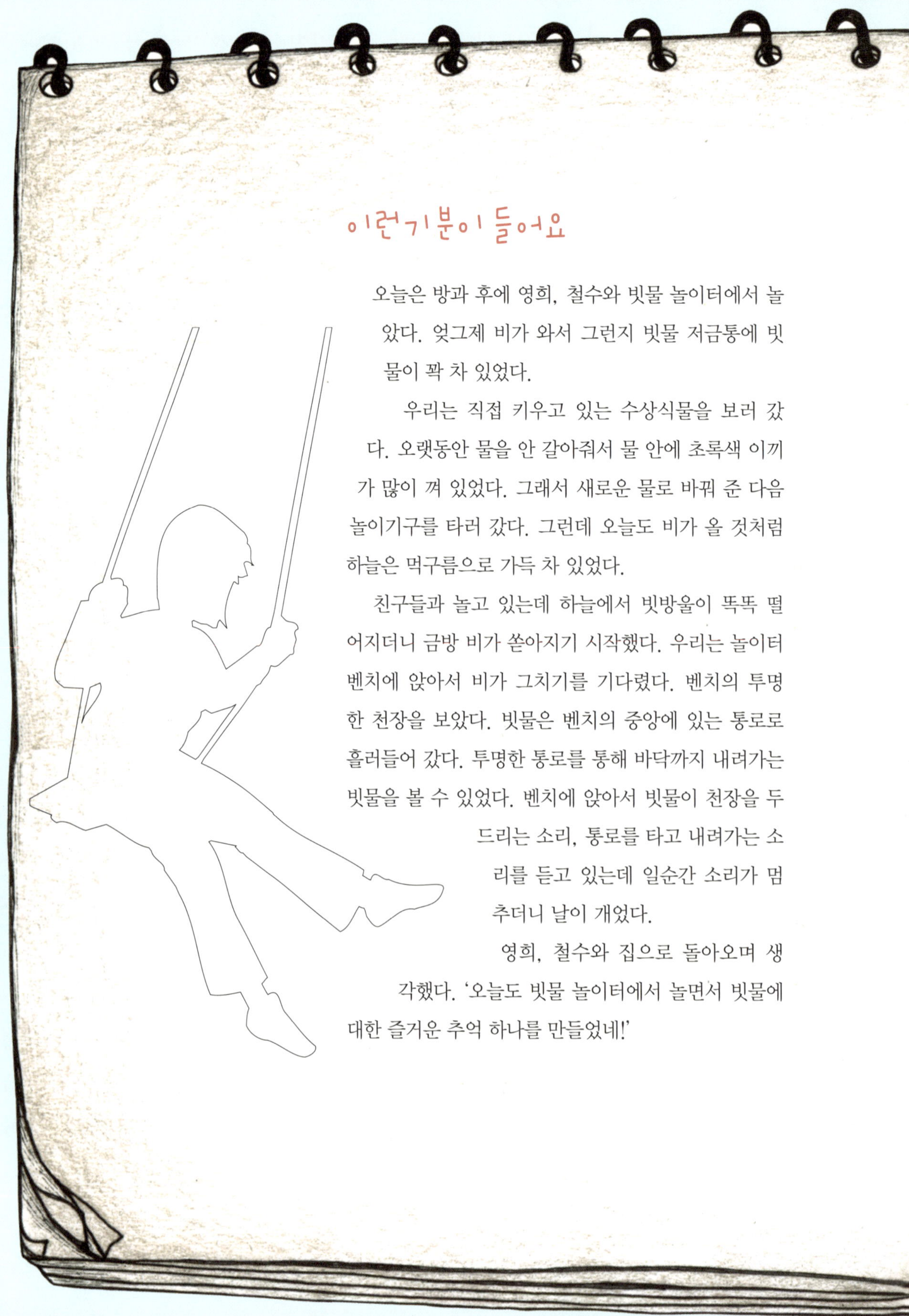

오늘은 방과 후에 영희, 철수와 빗물 놀이터에서 놀
았다. 엊그제 비가 와서 그런지 빗물 저금통에 빗
물이 꽉 차 있었다.

우리는 직접 키우고 있는 수상식물을 보러 갔
다. 오랫동안 물을 안 갈아줘서 물 안에 초록색 이끼
가 많이 껴 있었다. 그래서 새로운 물로 바꿔 준 다음
놀이기구를 타러 갔다. 그런데 오늘도 비가 올 것처럼
하늘은 먹구름으로 가득 차 있었다.

친구들과 놀고 있는데 하늘에서 빗방울이 똑똑 떨
어지더니 금방 비가 쏟아지기 시작했다. 우리는 놀이터
벤치에 앉아서 비가 그치기를 기다렸다. 벤치의 투명
한 천장을 보았다. 빗물은 벤치의 중앙에 있는 통로로
흘러들어 갔다. 투명한 통로를 통해 바닥까지 내려가는
빗물을 볼 수 있었다. 벤치에 앉아서 빗물이 천장을 두
드리는 소리, 통로를 타고 내려가는 소
리를 듣고 있는데 일순간 소리가 멈
추더니 날이 개었다.

영희, 철수와 집으로 돌아오며 생
각했다. '오늘도 빗물 놀이터에서 놀면서 빗물에
대한 즐거운 추억 하나를 만들었네!'

빗물 놀이터에서 놀아요 (어린아이들에게 소개해 주어요)

빗물 놀이터는 그 모습과 기능이 무척 다양할 수 있어요. 하지만 대체로 자연 친화적인 디자인과 빗물을 이용하는 놀이 기구를 즐기는 것이 빗물 놀이터의 매력이지요.

모아진 빗물을 이용해서 물총을 쏘면서 놀거나, 시소 주변에서 뿜어져 나오는 물을 이용해 놀 수도 있어요. 여러 가지 놀이 기구에 빗물이 사용되기 때문에 빗물 놀이터는 평범한 놀이터보다 아이들에게 인기가 많을 거예요.

빗물을 여러 가지 방면으로 이용할 수 있다는 것도 빗물 놀이터를 재미있게 만들어요. 정수 과정을 거친 빗물을 빗물 놀이터 주변의 화단과 연못에 공급하면 그곳에서 식물을 키우거나 작은 생태계가 이루어지도록 할 수 있어요. 그 과정을 지켜보는 것도 즐겁겠지요.

또한 빗물 놀이터는 그 자체가 하나의 작은 빗물 정수장이에요. 빗물 놀이터 전체에서 받아진 빗물은 지하 물탱크에 모여 정수가 돼요. 아이들은 이 과정을 지켜보면서 정수의 방법과 원리에 대해 배울 수 있답니다.

아산중학교 · 용화중학교

레이니 사우루스

지도교사 : 조경준 (한국환경교육연구소)

김도윤
최찬혁

소개할래요 (선생님이 되어 보세요)

친구들아! 너희들 모두 공룡 좋아하지? 우리가 만든 레이니 사우루스(Rainy Saurus)는 공룡 모양 빗물 저장 장치야. 너희들이 집에서도 간단히 빗물을 받아 체험할 수 있도록 만든 거란다.

레이니 사우루스라는 이름은 비를 뜻하는 'Rain'과 공룡을 뜻하는 'Dinosaur'를 합쳐서 지은 거야. 레이니 사우루스를 어렵게 생각하지 마. 국기를 꽂는 국기 게양대에 깔때기를 꽂고 빗물을 모으면 돼.

그렇게 모인 빗물은 어디에 쓸 수 있을까? 화초에 물을 주거나 설거지와 빨래를 할 때 사용할 수 있어. 이처럼 우리는 빗물이 우리에게 얼마나 많은 도움을 주는지를 알리기 위해 레이니 사우루스를 만들었단다. 레이니 사우루스는 빗물이 얼마나 소중한 자원인지 알게 해 주는 멋진 캐릭터가 될 거야.

한번은 레이니 사우루스를 들고 어린 친구들을 만난 적이 있어. 아이들이 처음에는 조금 당황스러워 했지만 설명을 듣더니 이내 흥미를 갖더라. '집에 가져가서 쓰고 싶다.', '공룡이 너무 귀엽다.'라며 감탄했어!

그리고 ㄱ환경교육센터와 학원, 학교 앞에서 설문 조사도 진행했는데, 설문 결과 절반 정도의 사람들이 비가 깨끗하다고 인식했어. 레이니 사우루스에 대해서는 94%가 긍정적인 답변을 했단다.

▶ 레이니 사우루스

시작했어요

　먼저, 비가 오는 날이 왜 싫은지를 생각해 보았다. 비가 오면 풍경이 잘 안 보인다, 비가 오는 날은 기분이 우울해진다 등 이유는 다양했다. 이에 따라 우리가 처음으로 생각해 낸 아이디어는 빗물을 이용해 빛을 프리즘에 반사시켜 화사한 효과를 내는 장치와 비가 내리면 센서가 그것을 알아채어 음악이 흐르도록 하는 장치였다.

　하지만 둘 다 제작 비용이 많이 들고, 우리가 직접 만들 수도 없었다. 그래서 생각해 낸 것이 공룡이 물기둥을 물고 있고, 비가 내리면 물기둥에 물이 들어가게 하는 것이었다. 공룡 목에 설치된 필터를 통해 정수된 물이 공룡 배에 모이고, 배에 뚫어놓은 구멍에 사람들이 페트병을 꽂아서 편리하게 그 물을 마실 수 있도록 하는 조각상이었다. 그런데 공룡의 모습이 너무 실제와 똑같아서 아이들에게 공포감을 불러올 수 있다는 생각이 들었다. 두 번의 시행착오 끝에 우리는 이런 생각을 하게 되었다. '왜 우리나라에는 어린이들이 빗물에 대해 좋게 생각할 수 있도록 해 주는 캐릭터가 없을까?'

　우리는 가정집에서 손쉽게 빗물을 모을 수 있고 어린이들에게도 친근하게 다가갈 수 있는 빗물 저장 장치를 만들기로 했다.

　그렇게 '레이니 사우루스 - 빗물을 모으는 캐릭터 만들기' 프로젝트가 시작됐다.

이렇게
모였어요

ㄱ환경교육센터에 2년째 참가하고 있는 프로젝트 모둠을 통해 '창의적 빗물 이용 경진대회'가 열린다는 소식을 접했다. 평소 빗물에 대한 관심이나 흥미가 전혀 없었는데, 이번 대회를 통해 빗물을 배우고, 빗물을 소중히 여길 수 있을 거라고 생각했다.

우선, 평소에 친하게 지내던 동생 찬혁이에게 같이 대회에 나가지 않겠느냐고 물었다. 찬혁이는 나와 4년째 친하게 지내고 있는, 마치 친구처럼 마음이 잘 맞는 동생이다. 평소에도 둘이 함께 대회에 나갈 기회를 만들어 보자는 이야기를 자주 했던지라 찬혁이는 흔쾌히 수락했다.

찬혁이 역시 처음에는 빗물에 큰 관심을 갖지 않았다. 하지만 프로젝트가 진행될수록 빗물의 매력에 푹 빠져들었다. 우리는 한마디 말로도 서로에게 큰 힘이 되는 사이라서 초반 이후부터는 수월하게 프로젝트를 진행했다.

진행했어요

처음 만든 공룡이 너무 무서워서 어린이들에게 다가가기는 어렵다고 생각했다. 그래서 어린이들에게 좀 더 친근한 공룡 캐릭터를 만들고자 했다.

'공룡에게 비옷을 입히고 머리에 우산 모형을 쓰게 하면 어떨까?' 이렇게 탄생한 레이니 사우루스는 빗물 아이디어의 마스코트라고 할 수 있다. '비'하면 생각나는 우산 모양의 이 뿔은 빗물을 모을 수 있는 깔때기 역할을 하게 했다.

우리 모둠의 두 번째 시도는 레이니 사우루스에 빗물을 식수로 만들 수 있는 장치를 만드는 것이었다.

▲ 박물관에 사는 레이니 사우루스

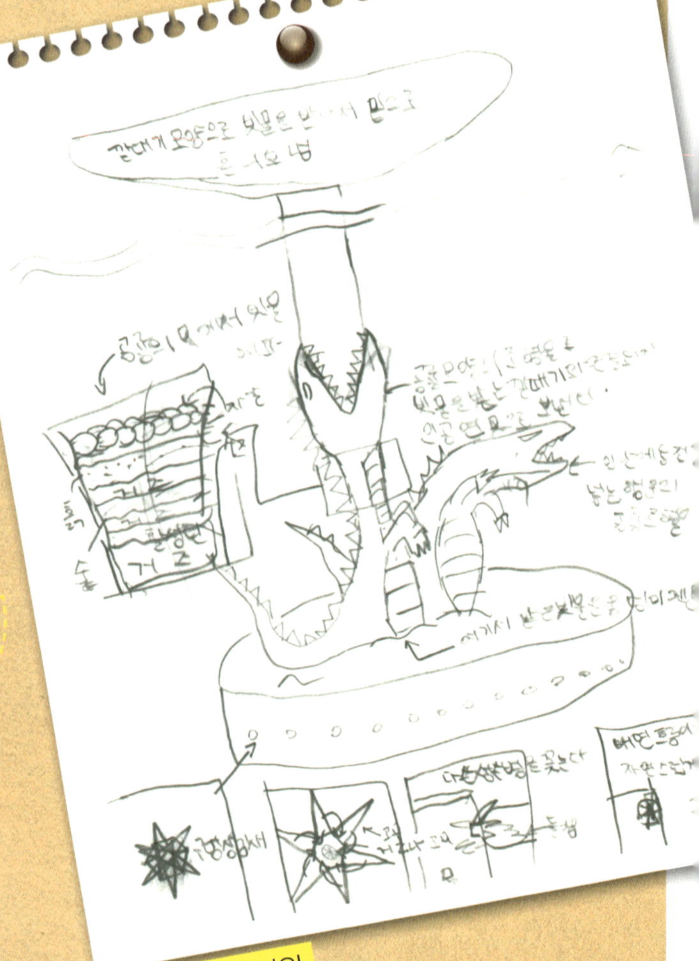

▲ 제가 직접 그렸어요!

▲ 레이니 사우루스의 원리를 찾아라!

　아이들이 레이니 사우루스를 신기하게 느끼는 것으로 끝나는 것이 아니라 직접 빗물을 가지고 체험하도록 만드는 것이 중요했다. 정수 과정은 다음과 같이 설계했다. 1차로 자연에서 쉽게 찾을 수 있는 물질로 만든 간이 정수기를 통해 정수한 뒤, 2차로 물에 열을 가하는 소독 과정을 거치는 것이었다. 이 과정은 물의 순환 과정과 비슷하다.

　레이니 사우루스는 돈을 버는 장치가 아니라 아이들이 빗물을 친근하게 느끼도록 해주는 캐릭터이다. 그래서 놀이공원, 엑스포, 박람회 등에 이 캐릭터를 설치하고 학생들이 빗물 체험을 할 수 있게 하고 싶다. 그러면 아이들이 빗물을 창의적으로 이용하는 방법을 다양하게 생각할 수 있을 것이라 확신한다.

　일본이나 유럽처럼 우리나라에서도 빗물을 이용하는 여러 방법이 실천되어야 한다고 생각한다.

레이니사우루스

어려움이 있었어요

첫 번째 이야기

처음 아이디어에 대한 계획서를 제출하고, 선생님으로부터 몇 가지 지적을 받았다. 프리즘을 이용하거나 빗물로 음악을 만들어 내는 것이 현실적이지 않다는 것이었다.

이후 선생님과 끊임없는 토론을 통해 공룡 모양 빗물 저장 장치를 만드는 것으로 주제를 변경했다. 레이니 사우루스를 만들면서 다른 사람의 진심어린 충고를 나의 발전으로 삼는 것이 중요하다는 것을 깨달았다.

두 번째 이야기

모형을 만들 때 생긴 일이다. 빗물을 저장하는 장치에서 자꾸 물이 새는 일이 발생했다. 그래서 화장실을 계속 들락거리면서 조치를 취해야 했다. 그렇게 여러 번의 실패를 경험하며, 모형을 만드는 시간의 반 이상을 저장 장치를 만드는 데 썼다.

이겨 냈어요

내가 고집을 피우는 동안 선생님께서 많이 기다려 주시고 이해해 주셨다. 선생님께서는 이렇게 말씀하셨다. '알고 있는 것을 내세우는 것은 발전이지만, 모르고 있는 것을 내세우는 것은 고집일 뿐이다.'

이처럼 선생님과 의견을 주고받는 과정을 통해 '레이니 사우루스'가 시작됐고, 우리만의 작품으로 완성됐다.

밤늦게까지 모형을 만들고 학교에 가서 졸기도 했다. 문제 해결을 어떻게 할 것인지 각자 생각한 뒤, 전화로 의견을 이야기하여 최선의 방법을 찾기도 했다. 모형을 만들 때는 시간표를 짜서 함께 작업했다. 한마디로 시간을 최대한 절약하는 방법을 찾게 된 것. 그렇게 완성한 모형을 들고 화장실에 가서 물을 받았을 때, 환호성을 질렀다.

모형을 만들면서도 그랬지만 보고서나 차트를 만들 때도 조금은 지쳐 있었다. 하지만 서로 분량을 조절해 가면서 위기를 극복해 낼 수 있었다. 보고서, 소감문, 영어 발표 자료를 만들 때에도 각자 맡은 내용을 적어서 메일로 보내고, 검토하고 맘에 들지 않을 때에는 수정을 요구했다. 처음에는 무조건 모여서 일을 하다 보니 시간은 많이 필요한 반면 내용에는 진전이 없었다. 하지만 방법을 바꾸어 일을 분담하자 시간도 절약되고 내용도 진전됐다.

우선 공룡의 겉모양이 귀엽게 살아나도록 하기 위해 우드락으로 본체를 만들었다. 다음으로 본체 안쪽의 견고함을 위해 재료를 아크릴로 바꾸었다. 빗물을 받는 통은 커다란 원형 수조를 계획했으나 실제로 사용할 수 없어서 1.5ℓ 페트병으로 바꾸었다.

▲ 레이니 사우루스를 만들기 위한 준비물

빗물은 베란다의 창살 대신 창살 윗부분에 빈 공간을 이용해서 받기로 했다. 레이니 사우루스의 깔때기를 걸칠 마땅한 공간이 베란다에 없었고, 외부에 있는 화단은 빗물을 받기 부적합하다고 판단했기 때문이다.

또 난간 위에 국기를 게양하는 곳이 있었는데 깔때기의 크기와 게양대의 크기가 맞지 않았다. 그래서 든 생각이 물렁물렁한 관에 깔때기를 다는 것이었다. 깔때기는 접어서 공룡 머리에 넣을 수 있도록 부채처럼 만들기로 했다.

그러나 깔때기와 공룡 머리를 연결하는 호스를 구하기가 어려웠다. 근처 공업사를 찾아갔다. 일하고 계시는 아저씨에게 빗물 프로젝트에 관해 설명드리고 필요한 굵기의 호스가 있는지 여쭈어 보았다. 다행히 적당한 호스가 있었다. 아저씨는 3m 정도를 흔쾌히 공짜로 주시며 대회에 잘 나가라고 말씀해 주셨다. 정말 감사했다.

전국대회에 나갈 때에는 물을 받고, 저장하는 모습을 다 보이게 만들기 위해 아크릴을 이용했다. 그런데 아크릴을 곡면으로 자르는 것이 힘들었다. 아크릴 인쇄를 전문적으로 하는 곳에 가서 물어보았다. 아크릴을 두 개 자르는 데에만 20만 원

▲ 완성된 레이니 사우루스

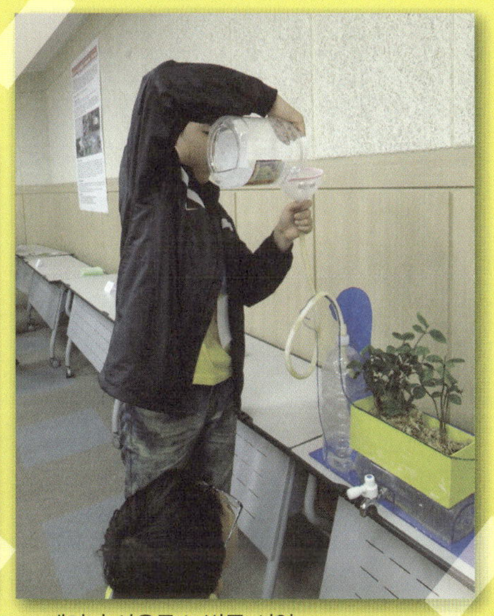
▲ 레이니 사우루스 빗물 시연

정도가 든다고 했다. 가격이 너무 비싸 고민하다가 아크릴의 두께를 좀 더 얇게 하여 우리가 직접 자르기로 했다. 얇은 두께의 아크릴은 동네 문구점에서도 쉽게 구할 수 있었다. 하지만 발판만은 좀 더 두꺼운 재료를 선택했다. 좀 더 큰 문구점에 가니 아크릴의 두께도 다양하게 선택할 수 있었다.

수도꼭지를 다는 건 마지막에 나온 아이디어였다. 처음에는 뚜껑을 열어 물을 나오게 하려고 했는데 수도꼭지를 다는 게 더 좋겠다는 생각이 들었다. 수도꼭지는 재래시장에서도 쉽게 살 수 있었다. 과학 실험 재료를 사는 데 이렇게 여러 곳을 다녀본 건 처음이었다.

이처럼 레이니 사우루스의 재료를 정하는 일이 가장 어려웠다. 재료를 정하고 재료를 구입하는 시간에 비해 제작 기간은 3일 정도로 짧았다. 설계에 맞게 재료를 준비하는 과정이 생각보다 많은 시간을 필요로 하는 일이었다. 준비 기간이 길었기 때문에 생각보다 더 멋진 작품이 나올 수 있었던 것 같다.

이럴 때
기뻤어요

첫 번째 이야기

맨 처음 성과물을 완성했을 때와 프로젝트 때문에 칭찬을 들었을 때 가장 기뻤다. 우리의 노력과 수고가 결과로 드러났다는 사실과 형과 함께 작업했던 3개월이 정말 즐거웠기 때문이다.

처음 작품을 만들 때 레이니 사우루스에서 물이 자꾸 새서 걱정했는데 도윤이 형이 정성을 기울인 끝에 방수가 됐다. 그때가 유난히 기억에 남는다.

사실 중학교에 다니기 시작하면서 여러 가지 부담감을 느꼈다. '왕따를 당하면 어떡하나?', '성적이 초등학교 때만큼 안 나오면 어떡하나?' 등의 고민 때문이었다. 하지만 창의적 빗물 이용 경진대회를 준비하는 동안 '빨리 공부를 끝내고, 형이랑 이런저런 것을 해야지.'라는 즐거운 생각 덕분에 그런 부담감을 많이 덜 수 있었다.

두 번째 이야기

가장 기억에 남는 건 첫 발표다. 우리가 만든 작품에 대해 심사위원분들이 어떤 결과를 주실까 기대됐다. 하지만 한편으로는 발표를 잘해야 된다는 강박관념에 시달리기도 했다. 찬혁이와 고생했던 시간을 떠올리며 마음을 다잡고 발표를 했는데, 다행히도 좋은 평을 받았다. 그때가 최고로 기뻤다.

그리고 창의적 빗물 이용 경진대회는 다른 대회와 달리 긴 여정이었던 것이 참 마음에 들었다. 또 부모님과 함께 재료를 사러 다니면서 '부모님께서 날 많이 도와주시는구나.'라는 생각도 들었다. 내가 사랑받는 사람이란 것을 알게 되었다. 그 모든 것을 발판삼아 앞으로 나의 일을 더욱 열심히 하는 사람이 되겠다.

　　처음에는 매우 긴장했지만 심사위원분들의 친절한 태도에 마음이 놓여 차츰 긴장이 풀렸다. 그래서 연습 때처럼 떨지 않고 발표했다.

　　영어에 대한 자신감이 없어서 '우리 이야기를 외국 심사위원분이 못 알아들으면 어쩌지?'라고 걱정했지만, 다행히 대본의 내용을 그분도 알아듣는 것처럼 보였다. 심사위원분들께서 결과보다는 과정에 대한 질문을 많이 해 주셨기 때문에 아이디어에 자부심을 가지고 있던 우리로서는 아주 신나게 대답할 수 있었다.

　　발표 중에 한 가지 아쉬웠던 건 레이니 사우루스의 머리에서 물이 흘러나온 일이었다.

　　사실, 발표를 끝내고 상을 받기라도 한 것처럼 소리를 지르고 부모님께 전화를 했다. 지금까지 여러 대회를 나가 봤지만, 발표를 하면서 이런 성취감을 느껴 보기는 처음이었다.

　　그런데 예상과는 달리 상을 받지 못했다. 그 후, 며칠 동안 이 대회 꿈만 꿀 정도로 아쉬움이 컸다.

빗물과 관련된 발명품을 만드는 일이 막막하지만은 않았다. 아이디어가 막 떠올랐기 때문이다. 하지만 그것을 구체화시키는 과정이 무척 어려웠다. 빗물은 산성이고 깨끗하지 않다는 인식이 우리의 머릿속에도 박혀 있어서였다. 또한 소중한 자원으로서의 '빗물'을 처음 접했기 때문이기도 했다. 이번 대회를 통해 빗물이 깨끗하고 맑다는 것을 배웠고 다양한 빗물 이용 방법을 생각해 볼 수 있어 참 좋았다.

더욱이 다른 참가자들의 작품을 보면서 여러 가지 생각을 했다. 특히 '빗물 놀이터'라는 작품을 보면서 '어떻게 저런 생각을 했을까?'라는 생각도 들었다.

우리 아이디어가 빗물의 인식을 바꾸거나 활용하는 방법이었다면, 빗물 놀이터는 옛날 시냇가에서 마음껏 여름을 보내던 추억을 떠올리게 한 것 같아 큰 가치가 있어 보였다. 이처럼 다른 작품들을 통해서도 빗물이 얼마만큼 우리에게 많은 가치를 주는지 느꼈다.

올 여름에는 유난히 비가 많이 왔다. 비를 보면서 '무섭기까지 한 이 비를 어떻게 하면 유용하게 변화시킬 수 있을까?'라는 생각을 절로 했다.

이 대회를 통해 무언가를 의미 있게 바라볼 수 있는 '눈'을 갖게 된 셈이다.

이런
효과가 있어요

레이니 사우루스의 장점은 물의 순환에 빗대어 생각해 보면 쉽게 이해할 수 있다. 물은 한곳에 머무르지 않고 계속 순환한다. 바다에 모인 물을 다시 육지로 가져오는 것이 바로 비의 역할이다.

우리가 사는 곳에 내린 비도 그 순환의 흐름 속에 있다. 우리가 물을 사용하기까지는 상당히 많은 과정을 거치게 된다. 강을 통해 내려온 물은 정수 과정을 거친 뒤, 집에서 일정의 돈을 내고 사먹게 된다.

하지만 모든 경우마다 정수된 물을 사용해야 하는 것은 아니다. 빗물을 받아서 바로 활용하면 에너지를 아끼고 물 사용 효율을 높이는 결과도 가져올 수 있다.

레이니 사우루스를 실제로 사용하면 '빗물 이용'에 대한 연구가 좀 더 활발해질 것이라고 생각한다.

이런 관계가 있어요 (빗물과 우리)

일상생활에서 빗물을 받는 데 가장 적합한 장소는 마당이 있는 주택이라고 생각한다. 하지만 현재 우리가 살고 있는 주거 형태는 대부분 아파트다. 아파트는 높은 방충망과 창살이 있거나, 마당이 없다는 점 때문에 일반 주택보다 빗물을 활용하는것이 열악하다.

그러나 빗물 이용을 제안할 때, 많은 사람이 살고 있는 아파트를 제외하고는 생각하기 어렵다. 때문에 아파트에서 빗물을 이용할 수 있는 방법에 대해 제안해 보고자 했다.

레이니 사우루스를 통해 '빗물'이 '먹는 물'이 되는 과정을 사람들에게 보여 주면, 빗물이 생활 용수로 이용될 수 있는 '소중한 자원'이라는 것을 전달할 수 있을 거라 생각한다.

우리는 사람들이 레이니 사우루스를 통해 좀 더 친근하게 빗물이라는 자원에 다가갈 수 있기를 바랐다. 덧붙여 레이니 사우루스 캐릭터를 이용해 만화를 만들면 어린이들이 훨씬 재미있게 빗물에 관해 배울 수 있을 거라 생각한다.

　　이름은 부르기 쉽고 기억하기도 쉬워야 한다고 생각했다. 사실, 모형을 만드는 것도 힘든 일이었지만 이름을 짓는 일 역시 만만찮게 힘들었다. 이름이 가장 큰 상징이라고 생각했기 때문이다.

　　레이니 사우루스라는 이름은 아이들이 좋아하는 공룡과 빗물을 결합시켜, 아이들로 하여금 빗물을 친숙하게 만들려는 의도로 지어졌다. 그래서 비를 뜻하는 영어 'Rain'과 공룡을 뜻하는 'Dinosaur'를 합쳤다.

　　처음엔 '드링크 사우루스', '레인 사우루스' 등 여러 가지 이름을 생각했지만 부르기 친숙하고 발음하기도 편한 '레이니 사우루스'로 결정하게 되었다.

발표회장에서!

 빗물에 대해 어떻게 느껴요?

 솔직히 비 오는 날을 싫어했어요. 그런데 지금은 빗물이 우리의 소중한 자원이라는 걸 알게 됐고, 많은 양의 비가 버려진다고 생각하면 아깝다는 생각도 들어요.

 프로젝트를 준비하면서 기억에 남는 일이 있나요?

 제가 힘들어 해서 엄마가 걱정해 주셨던 일이요.

 그래서 그때 뭐라고 했어요?

 **불끈** 제가 좋아서 하는 일이니까 열심히 하겠다고 했어요.

 친구들은 어땠나요?

 친구들은 '네가 무슨 세계적인 대회에서 프로젝트를 발표하냐.' 라며 놀렸어요.

 그래서 뭐라고 말했어요?

 자신 있다고 말했어요. 그랬더니 친구들도 잘하고 오라며 응원해 줬어요.

빗물에 대해 어떻게 생각하나요?

지도교사 : 조경준 (한국환경교육연구소)

한노엘
홍태하
이승렬

소개할래요 (선생님이 되어 보세요)

우선 설문 조사●를 통해 빗물에 대한 사람들의 생각을 알아보기로 했다. 빗물에 대한 선입견 때문에 빗물을 활용하고 이용하는 데 어려움이 있을 거라 생각했기 때문이다.

설문 조사의 내용은 빗물, 수돗물, 지하수●를 비교하는 것이었다.

설문 조사 결과 우리는 빗물에 대한 사람들의 생각이 초등학교 때 이미 결정된다는 것을 알게 되었다.

이러한 분석 결과를 토대로 우리는 빗물에 대한 사람들의 부정적인 생각을 고칠 수 있는 방법들을 생각해 보았다.

1. 초등학생을 대상으로 하는 체험 활동을 계획하여, 학생들이 빗물에 대해 친근함과 긍정적인 생각을 가지도록 개선하는 방법.

2. TV 광고를 제작하여 빗물에 대한 사람들의 생각을 바꾸는 방법.

제시한 방법 이외에 생각한 여러 가지 방법을 실행하며, 시행착오를 거쳤다. 내용을 수시로 수정하고 보충했다. 그리고 빗물에 대한 사람들의 생각을 변화시킬 적절한 대안을 제시하는 것으로 우리의 프로젝트를 마무리했다.

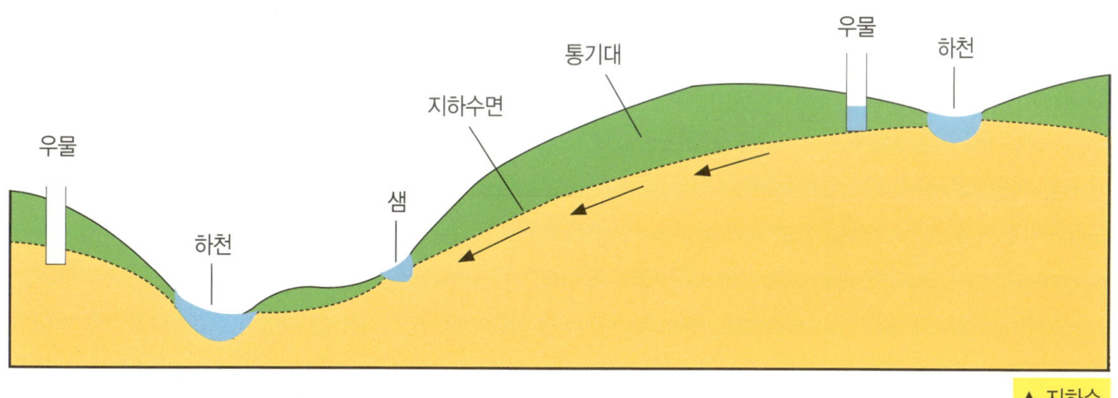

▲ 지하수

이렇게 시작했어요

　2012년 1월, 쌍용역 근처 한 카페에서 첫 모임을 가졌다. 몇 개의 아이디어에 대해 이야기를 주고받다가 우리가 빗물에 대해 어떻게 생각하고 있는지부터 적어 보기로 했다. 그런데 우리 모두 빗물에 대해 좋지 않은 생각을 가지고 있었다. 만약 다른 사람들도 빗물에 대해 좋지 않은 생각을 갖고 있다면, 아무리 빗물을 효율적으로 쓰고, 물 부족 현상을 해결할 수 있는 발명품이 나온다고 해도 빗물을 올바르게 쓸 수 없을 것 같았다. 그래서 우리는 빗물에 대한 사람들의 생각이 어떤지를 조사해 보고, 그것을 토대로 빗물 이용 방안을 제시해 보기로 했다.

이렇게
모였어요

우리는 ㄱ환경교육센터에서 프로젝트를 같이 진행해서 서로 아는 사이였다. 그곳에서 창의적 빗물 이용 경진대회 소식을 듣고, 호흡을 맞춰 보기로 했다. 그래서 모둠을 구성하고 아이디어 회의를 했다. 프로젝트를 수행하는 과정에서도 큰 다툼이 없었다.

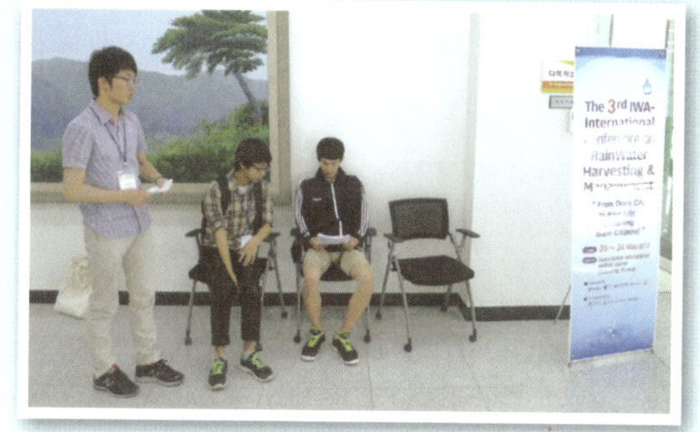

이렇게
진행했어요

　빗물에 대한 사람들의 생각을 조사하기 위해 설문 조사를 하기로 결정했다. 설문지 작성이 우선이었다. 어떤 내용을 적을 것인지 몇 번의 토론을 거쳤다.

　그 후, 사람들이 빗물에 대한 부정적인 생각을 갖게 되는 시기와 이유를 찾기 위한 설문지가 작성되었고, 빗물의 산성도(pH)와 수질오염 정도를 조사했다.

　비가 오는 날마다 산성도와 수질 오염도를 조사하여 설문지를 만드는 일도 동시에 진행했다.

　본 설문지를 만들기에 앞서 빗물에 관한 항목만을 넣은 파일럿 설문지를 만들어 본 후 평가회의를 했다.

　그리하여 수돗물, 지하수, 빗물 모두를 아우르며 설문지가 구성되었다.

물 사용에 대한 인식 설문지

안녕하세요. 저희는 물 사용에 대한 일반인들의 인식을 조사하기 위해 이 설문지를 만들었습니다. 부담 없이 솔직하게 답해 주세요. 응해 주신 설문 결과는 저희들의 프로젝트에 활용될 예정입니다. 감사합니다.

남		나이	
여			

1. 집에서 쓰는 물(생활 용수)은 주로 어디서 온다고 생각하나요? (   )

2. 본인은 하루에 물을 얼마나 사용한다고 생각하나요? (ℓ)

3. 본인의 물 사용 정도는 어느 정도라고 생각하나요? (   )

4-1. 수돗물을 생각하면 떠오르는 이미지는 무엇인가요? (중복 체크 가능)

□ 상쾌함	□ 씁쓸함	□ 깨끗함	□ 후련함	□ 시원함	□ 행복함
□ 찝찝함	□ 더러움	□ 짜증남	□ 화남	□ 우울함	□ 쓸쓸함
□ 낭만적임	□ 황량함	□ 귀찮음	□ 두려움	□ 기타 ( )	

4-2. 왜 수돗물에 대해 그러한 생각을 갖게 되었나요?

4-3. 수돗물에 대한 정보를 주로 어디서 얻었나요? (   )

① TV프로그램　② 책　③ 교과서　④ 어른들의 말씀

⑤ 소문　⑥ 영화　⑦ 얻은 적 없다　⑧ 기타 (   )

4-4. 수돗물에 대한 자세한 정보를 언제 접했나요? (   )

① 유치원　② 초등학생　③ 중학생　④ 고등학생

⑤ 대학생　⑥ 성인　⑦ 접한 적 없다　⑧ 기타 (   )

5-1. 빗물을 생각하면 떠오르는 이미지는 무엇인가요? (중복 체크 가능)

□ 상쾌함	□ 씁쓸함	□ 깨끗함	□ 후련함	□ 시원함	□ 행복함
□ 찝찝함	□ 더러움	□ 짜증남	□ 화남	□ 우울함	□ 쓸쓸함
□ 낭만적임	□ 황량함	□ 귀찮음	□ 두려움	□ 기타 ( )	

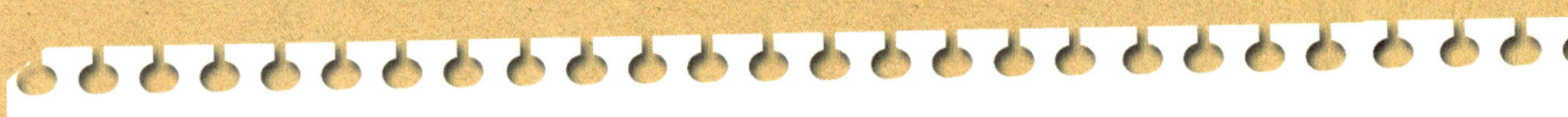

5-2. 왜 빗물에 대해 그러한 생각을 갖게 되었나요?

5-3. 빗물에 대한 정보를 주로 어디서 얻었나요? (   )

　　① 유치원　　　　② 초등학생　　　　③ 중학생　　　　④ 어른들의 말씀

　　⑤ 대학생　　　　⑥ 성인　　　　⑦ 얻은 적 없다　　　　⑧ 기타 (   )

5-4. 빗물에 대한 정보를 언제 접했나요? (   )

　　① 유치원　　　　② 초등학생　　　　③ 중학생　　　　④ 고등학생

　　⑤ 대학생　　　　⑥ 성인　　　　⑦ 접한 적 없다　　　　⑧ 기타 (   )

6-1. 지하수를 생각하면 떠오르는 이미지는 무엇인가요? (중복 체크 가능)

□ 상쾌함	□ 씁쓸함	□ 깨끗함	□ 후련함	□ 시원함	□ 행복함
□ 찜찜함	□ 더러움	□ 짜증남	□ 화남	□ 우울함	□ 쓸쓸함
□ 낭만적임	□ 황량함	□ 귀찮음	□ 두려움	□ 기타 ( )	

6-2. 왜 지하수에 대해 그러한 생각을 갖게 되었나요?

6-3. 지하수에 대한 정보를 주로 어디서 얻었나요? (   )

　　① TV프로그램　　　　② 책　　　　③ 교과서　　　　④ 어른들의 말씀

　　⑤ 소문　　　　⑥ 영화　　　　⑦ 얻은 적 없다　　　　⑧ 기타 (   )

6-4. 지하수에 대한 정보를 언제 접했나요?

　　① 유치원　　　　② 초등학생　　　　③ 중학생　　　　④ 고등학생

　　⑤ 대학생　　　　⑥ 성인　　　　⑦ 접한 적 없다　　　　⑧ 기타 (   )

7. 다음 중 가장 깨끗하다고 생각하는 물은 무엇입니까? 깨끗하다고 생각하는 순서대로 써 보세요.

　　　　　　　　　　( )－( )－( )－( )－( )－( )

　　① 수돗물　　　　② 빗물　　　　③ 지하수　　　　④ 시냇물

　　⑤ 강물　　　　⑥ 생수

설문에 답해 주셔서 감사합니다.

　　연령별로 설문지를 받기 위해 노력했다. 최대한 많이 돌리기 위해 열심히 뛰어다녔다. 한동안 설문 조사에만 열중해서 105개 정도의 설문지를 모았다. 설문지를 다 모은 후에는 사람들의 경향을 조사하기 위해 항목별로 사람 수를 세는 작업을 했다.

　　그런 작업 끝에 연령별, 항목별로 정리한 표와 그래프가 만들어졌다. 빗물에 대해 사람들의 인식이 대부분 좋지 않았다. 그런 인식은 대개 초등학생 때 생긴 결과였다. 빗물에 대한 부정적인 정보를 얻는 매체도 함께 조사하여 사람들의 생각을 바꿀 수 있는 방법에 대해 생각해 보았다.

　　초등학생을 대상으로 한 교육 프로그램 제작, 교사 연수 시간에 빗물에 관한 올바른 정보 교육, TV 광고를 통한 빗물의 진실 알리기, 교과서의 빗물에 대한 내용 고치기, 소셜 네트워크(SNS)를 활용한 홍보 등이 이야기됐다. 이들 중 몇 가지를 우리가 직접 실천해 본 후에 구체적인 방안으로 제시하기로 했다.

　　먼저 학교 축제에서 학생들을 대상으로 한 빗물 캠페인을 진행했다. 빗물의 산성도를 재는 실험을 준비하고 포스터, 설문지 등 우리가 해 왔던 활동을 전시했다. 이런 활동들이 빗물에 관해서 한 번 더 생각해 볼 수 있는 기회를 줄 수 있을 거라 생각했다.

　　다음으로 초등학생을 위한 빗물 교육 프로그램을 직접 만들고 실제 수업을 진행해 보았다.

교육 프로그램에 들어갈 내용들을 정하고 그에 필요한 교구들을 만들었다. 프로그램은 크게 1차 조사, 빗물 산성도 실험, 교구를 활용한 게임과 2차 조사의 순서로 진행됐다.

일단 빗물에 관한 아이들의 생각을 알아보고, 빗물 산성도 측정 실험을 통해 빗물이 우리 몸에 해롭지 않다는 것을 알게 해 주었다. 그 후 교구를 활용한 게임을 통해 아이들이 빗물에 관심을 두도록 했다. 빗물을 잘 활용해야 하고 아껴야 한다는 사실을 알게 해 주었다. 다음으로 포스트잇에 빗물을 활용하는 방안이나 빗물에 대한 생각을 써서 붙여 보았다. 마지막으로 빗물 수업을 통해 빗물에 관한 생각이 어떻게 바뀌었는지에 관해 설문 조사를 실시했다.

수업 교구로는 빗물 순환도와 빗물 사랑 행동 카드 등 우리가 직접 고안한 게임 도구가 있었다. 빗물 순환도는 아이들이 그림을 통해서 빗물의 순환을 쉽게 이해할 수 있도록 개발되었으며, 빗물 사랑 행동 카드는 카드 게임을 통해 빗물을 아끼려면 어떤 행동을 해야 하는지를 아이들에게 알려 주도록 개발되었다.

▲ 교구를 활용하고 있는 모습

수업은 초등학교 2, 3학년을 대상으로 동네 공부방에서 진행했다. 아이들이 다소 산만하여 빗물에 관한 생각이 변화했는지를 알아볼 수 있는 결과를 찾아내지는 못했다. 하지만 그 수업을 통해서 교육 프로그램에서 수정할 부분을 찾을 수 있었다. 아이들이 게임이나 체험 학습 시에는 높은 집중력을 보인다는 것을 알게 되었다. 이를 토대로 초등학교 저학년을 대상으로 하는 빗물 교육은 흥미 위주의 체험 프로그램으로 구성되면 좋겠다는 결론을 얻었다.

처음 하는 수업이라서 힘들었지만 설문지를 토대로 만든 수업 프로그램을 실제로 검증해 볼 수 있었다는 점이 좋았다.

이렇게 해서 프로젝트 활동을 마무리 지었다. 활동을 간단히 정리해 보면 다음과 같다.

1. 빗물에 대한 사람들의 생각을 알아볼 필요성을 느껴 설문지를 작성해 조사했다.

2. 설문지를 통해 연령별로 빗물에 대한 부정적인 생각이 어느 시기에 어떤 경로로 생성되었는지를 파악했다.

3. 빗물에 대해 좋은 생각을 갖게 할 수 있는 여러 가지 방법을 제시했다.

4. 그 중 몇 가지를 실제로 실천해 보고 수정할 점을 파악했다.

어려움이 있었어요

첫 번째 이야기

설문지 돌리기와 수업을 진행하는 것이 어려웠다. 설문지를 연령별로 다르게 조사해서 진행했기 때문에 연령별로 충분한 수가 확보되어야 했다. 유치원부터 60세 이상까지 모든 연령대에서 설문지를 확보하는 작업이 만만치 않았다.

두 번째 이야기

수업을 준비하고 진행하는 과정도 힘들었다. 난생처음 해 보는 수업이라 수업을 받는 아이들이 어떤 반응을 보일지 많이 걱정됐다. '혹시 우리가 진행하는 게임을 재미없어 하면 어떻게 하지?'라는 걱정도 컸다.

세 번째 이야기

오랫동안 생각하고 준비해 왔지만 막상 수업 프로그램을 구체적으로 짜려고 하니 힘들었다. 먼저 아이들에게 어떤 것을 전해 줄 것인가를 생각하고 그것을 적용할 수 있는 재미있고 쉬운 방법을 찾아야 했다. 그렇게 수업 프로그램을 만들고 직접 수업을 진행했다. 그런데 우리가 걱정했던 것과는 정반대의 문제가 생겼다. 아이들이 너무 활발하고 산만했다. 질문을 하면 아이들이 장난하듯이 대답을 했다. 그 때문에 수업의 효과에 대한 정확한 판단을 내리기가 힘들었다.

네 번째 이야기

동료와의 의견 충돌도 약간 있었다. 조사를 통해 얻고자 하는 결과물이 조금씩 달랐기 때문이다. 외부적인 문제들도 있었다. 발표 당일이 해외로 수학여행을 떠나는 날이었다. 발표 당일 비행기를 타고 떠나야 했기 때문에 수학여행을 포기해야 할지 대회를 포기해야 할지 고민이 많았다.

이렇게
이겨 냈어요

첫 번째 이야기

설문지를 회수하기 힘들었던 유치원 또래 아이들은 직접 유치원을 방문, 아이들이 이해하기 쉽게 설명하고 빗물에 대한 이미지만 조사했다. 50~60대 이상의 연령층에 대한 설문 조사는 할머니, 할아버지께 부탁해서 진행할 수 있었다. 그렇게 친구나 친척들의 도움으로 어려움을 극복했다.

두 번째 이야기

수업을 진행할 때 처음에는 굉장히 긴장했다. 하지만 아이들이 산만해도 말을 많이 하고, 장난도 잘 쳐서 금세 긴장감을 풀 수 있었다. 긴장이 풀리니까 아이들이 장난치는 것도 어느 정도 받아줄 수 있었다. 질문을 계속 이어가면서 수업을 진행했다. 특히 게임할 때 집중력이 높아지는 모습을 보고 수업의 방향을 잡을 수 있었다.

세 번째 이야기

친구와의 의견 충돌 문제는 대화와 토론으로 풀 수 있었다. 서로 생각이 다른 것에 대해 마음을 열고 대화했다. 자신의 의견만 고집하지 않고 상대방의 의견도 들어 주면서 조금씩 조정해 나갔다. 지금 생각해 보면 그 때문에 프로젝트가 더 좋은 방향으로 흘러갈 수 있었던 것 같다.

우리는 초등학생을 대상으로 하는 빗물 인식 개선 교육 프로그램의 교구를 만들었다. 빗물 순환도, 빗물 산성도 실험 기구 등 게임 진행에 필요한 교구였다. 빗물 순환도는 도화지에 산과 바다, 구름 등을 그려서 빗물의 순환을 표현했다. 빗물 산성도 실험 기구는 컵과 빗물, 빗물과 비교할 오렌지주스, 샴푸, 수돗물, 산성도(pH)시험지를 준비했다.

◈ 교구* 만드는 방법

> *교구 학교에서 쓰는 도구를 통틀어 이르는 말.

1. 도화지 위에 물 순환 그림을 그린다.
2. 깔때기, 도화지를 붙인다.
3. 빗물 사랑 행동 카드를 여러 장 만들어 주머니에 담는다.
4. 깨끗한 물과 더러운 물(검은색 물)을 준비한다.
5. 도화지에 물 그림이 들어갈 부분은 잘라 내어 비워 놓고 파란색 도화지와 검은색 도화지를 겹쳐서 물색을 표현할 수 있도록 한다.

◈ 교구를 이용한 수업 방법

1. 빗물 순환 그림을 학생들과 보며 물의 순환을 이해한다.
2. 여러 장의 카드 중 한 장의 카드를 뽑아, 빗물 사랑 행동 카드가 나오면 맑은 물을 물통에 붓고, 빗물 오염 행동 카드가 나오면 먹물(검은색 물)을 다른 물통에 붓는다. 학생들은 돌아가며 카드를 뽑는다.

▲ 빗물 산성도 실험

▲ 빗물이 순환하는 그림을 이용한 수업

▲ 빗물 산성도 실험

(빗물 사랑 행동 카드의 예 : 컵에 물을 받아 양치질을 한다, 수돗물을 틀고 양치질을 한다, 빗물을 모아서 사용한다 등)

3. 준비된 맑은 물통과 먹물 통 중 먼저 채워진 통에 따라 빗물 순환도의 그림이 바뀐다. 맑은 물이 먼저 채워지면 물 순환도의 물색은 파란 색상지로 나타나고 먹물로 채워지면 물색이 검은 색상지로 바뀌어 물이 오염되었음을 눈으로 확인할 수 있도록 한다.

4. 게임을 하며 느낀 점을 학생들과 이야기한다.

이 교구는 어떻게 하면 아이들에게 빗물을 아낄 수 있는 방법을 재미있게 알려 줄까를 고민하다가 만들게 되었다. 재료는 전부 주변에서 쉽게 구할 수 있는 물건들로 선택했다.

기뻤어요

첫 번째 이야기

2월 말부터 5월까지 이어진 빗물 프로젝트에 참여하면서 빗물에 관해 진지하게 고민해 볼 수 있었다. 모둠 친구들과 함께 보고서나 포스터를 만들면서 여러 가지를 얻기도 했다. 일단, 빗물에 관해서 많이 알게 되었다. 그러면서 빗물에 관한 생각이 좋아졌고 다른 사람들의 생각도 바꿔 봐야겠다는 생각까지 하게 되었다. 또 여러 사람들과 같이 고민하면서 해결책을 찾다 보니 협동심이나 생각하는 힘을 키울 수 있었다.

프로젝트를 하나씩 이뤄가는 과정에서도 보람을 느꼈지만 빗물에 대한 사람들의 생각을 조사하고 그 조사 결과를 토대로 방법을 제시하고, 그 대안을 직접 체험해 보는 것까지의 과정이 뭔가를 이루어낸 것 같이 느껴졌다.

이런 대회를 통해서 많은 사람들이 빗물을 활용할 수 있는 방법들을 다양하게 발견하면 좋겠다.

두 번째 이야기

'빗물을 창의적으로 이용해라!' 이러한 주제를 받고 대회에 참가했을 때는 정말 막막했다. '찝찝한 산성비를 어떻게 이용하라는 거야?'라는 생각이 들기도 했다. 하지만 빗물에 대해 조사하고, 직접 실험도 해 보면서 생각이 점점 달라졌다. 빗물은 처음 생각했던 것처럼 찝찝한 것이 아니었다. 산성이 강한 것도 편견이고, 과장된 것이었다. 그리고 빗물을 활용해서 얻어지는 것들에 놀라면서 지금껏 빗물에 관해 잘못 생각했음을 알게 되었다.

내 주변의 많은 사람들도 나처럼 잘못된 생각을 가지고 있을 것 같았다. 그래서 교육 프로그램을 만들고 실천해 나갔다. 사람들이 변해가는 것을 보며 뿌듯함을 느꼈다. 모르는 것을 알아가고, 알게 된 지식을 다른 사람들에게 전하는 것이 재미있었다. 즐겁고 소중한 경험이었다.

세 번째 이야기

빗물 프로젝트를 시작하기 전에는 빗물에 대해 좋지 않은 생각을 가지고 있었다. 비가 오면 우산을 들고 다녀야 하는 것도 싫었고, 비를 조금이라도 맞으면 축축하고 찝찝해지는 것도 별로였다. 그러나 빗물 프로젝트를 시작하면서 비에 대한 생각이 완전히 바뀌었다. 비에 대해 조사하면서 비가 전혀 더럽지 않고, 깨끗하게 만든다면 수돗물이나 지하수보다 훨씬 깨끗해진다는 것을 알게 되었다. 그리고 물 부족을 해결하기 위해 반드시 빗물을 모아 써야 된다고 생각도 갖게 되었다.

옛날에는 비가 오면 '또 비야?'라는 말을 무심코 내뱉었지만 요즘은 '우리나라가 비를 잘 활용해서 가뭄, 홍수를 다 해결할 수 있으면 좋겠다.'라는 생각을 하게 되었다. 비록 상은 타지 못했지만 이 대회를 통해 상보다 더 값진 사고의 전환점을 만들 수 있었다.

이렇게
발표했어요

첫 번째 이야기

심사위원분들 앞에서 발표하고 질문에 대답하는 면접이 처음이라 굉장히 떨렸다. 어떤 대답을 해야 할지 준비도 많이 했다. 면접 전에는 심사위원분들이 엄청 차갑고 공격적으로 질문하실 줄 알았는데, 실제로는 발표도 잘 들어주시고 친절하게 대해주셔서 편하게 끝낼 수 있었다. 질문에 대한 답변을 미리 다 준비해서 갔는데, 예상 외로 질문이 너무 쉬워서 조금 싱거운 느낌도 있었다.

▲ 발표 중인 승렬이

두 번째 이야기

자신의 아이디어를 남들 앞에서 발표한다는 것 자체로도 무척 긴장되는데, 영어로 발표를 해야 해서 긴장은 배가 됐다. '혹시 반응이 안 좋으면 어떻게 하나?', '질문에 대답을 하지 못하면 어떻게 하나?'. 수많은 걱정들 때문에 예상 질문과 답변을 미리 준비하기도 했다. 하지만 발표할 때 심사위원분들이 우리의 아이디어를 잘 들어주시고 이해해 주시는 것 같아서 긴장을 풀고 발표를 할 수 있었다. 한 가지 아쉬운 점은 외국 심사위원분의 질문을 잘 알아듣지 못해 답변을 하지 못했다는 점이다.

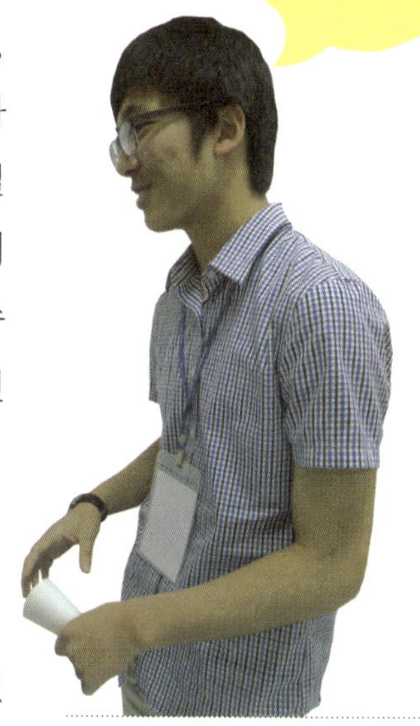

세 번째 이야기

질문 시간을 포함해서 발표 시간은 총 10분이었다. 준비할 때는 자신이 있었지만 영어로 발표를 해서 시간을 너무 많이 흘려보냈다. 느낌이 별로 안 좋았다. 첫 질문에는 대답을 했지만, 두 번째 질문은 외국 심사위원분의 말이 너무 빨라 답변을 하지 못했다. 대답을 끝까지 못하고 제한된 시간이 다 지나서 우리 프로젝트가 상위권을 차지하기는 어렵겠다는 생각이 들었다. 하지만 결과보다 과정이 중요했기에 자부심을 가졌다.

이런 관계가 있어요 (빗물과 우리)

빗물에 대해 조사하면서 빗물에 대한 생각이 많이 변화되었다. 우리는 이러한 변화의 경험을 토대로 빗물에 대한 사람들의 생각을 알아보고, 변화시키는 데 프로젝트의 초점을 맞추었다. 실제로 많은 사람들이 우리처럼 빗물에 대해 부정적인 생각을 가지고 있었고, 빗물을 활용하는 방법에 대해서도 많이 모르고 있었다.

빗물에 대한 잘못된 생각을 개선시키고, 빗물 활용의 장점을 알리고, 효율을 높여서 앞으로 더 많은 발전을 할 수 있도록 하는 것이 우리 프로젝트의 목표였다. 아무리 좋은 기술과 발명품이 나온다고 해도 사람들의 생각이 좋지 않다면 그 기술의 가치를 100% 발휘하지 못할 거라 생각했기 때문이다.

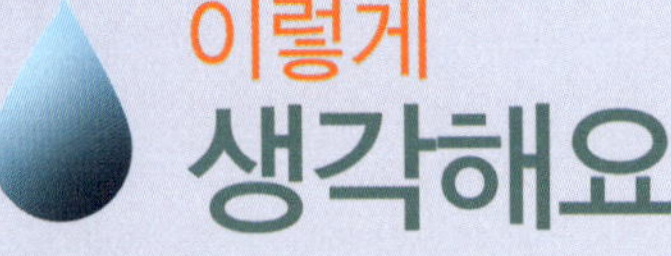

이렇게 생각해요

첫 번째 이야기

솔직히 프로젝트를 하기 전에는 빗물에 대해서 좋게 생각하지 않았다. 비가 오면 축축하고 눅눅해져서 찝찝했고 야외활동도 제한될 뿐만 아니라 비를 맞으면 조각상도 녹고 머리카락이 빠진다고 배웠기 때문이다.

일본에서 방사능이 터져서 비에 방사능이 섞여 있다는 말까지 들었을 때는 비에 대한 거부감이 더 커졌다.

그런데 프로젝트를 진행하는 과정에서 빗물이 우리에게 유용한 자원으로, 여러 가지 재해를 예방하고 조절한다는 것도 알게 되었다. 빗물의 산성도가 그리 강하지 않다는 것을 알게 된 후에는 빗물이 나쁘게 보이지만은 않았다. 프로젝트 후에는 비를 맞으면 머리카락이 빠진다고 말하는 친구들에게 그렇지 않다고 알려 주기도 했다.

두 번째 이야기

빗물에 대해서 부정적인 생각들을 가지고 있었다. 그 중에 하나가 비를 맞으면 머리카락이 빠진다는 것이었는데, 실험을 통해서 빗물의 산성도가 생각했던 것보다 낮다는 것을 알게 되었다. 그 후 많은 자료를 찾아보면서, 점점 빗물에 대한 생각이 바뀌었다. 또 대회를 하기 전에는 빗물을 이용하는 레인 시티와 같은 시설들에 대해 몰랐다. 이 대회에 참가하게 되면서 빗물에 대한 생각이 확실히 변했다.

세 번째 이야기

　빗물 프로젝트를 시작하기 전에는 여느 중·고등학생처럼 '비를 맞으면 머리카락이 빠진다.', '비는 더럽다.'라는 생각을 가지고 있었다. 더욱이 빗물을 활용해 물 부족 현상 같은 것들을 해결할 수 있다는 것은 상상도 못했다.

　그런데 이 프로젝트를 진행하면서 빗물에 대해 많이 알게 되었고 잘못된 개념도 바로잡게 되었다. 무엇보다 빗물이 소중한 자원이라는 것이라는 것을 크게 깨달았다. 비록 실천에 옮기진 못했지만 비가 오는 날이면 '이 비를 모아 사용해야 할 텐데……'라는 생각을 하기도 했다.

　프로젝트를 마치고 난 지금은 비에 대해 긍정적인 생각을 갖고 있고, 부정적인 생각을 갖고 있는 친구들에게 빗물이 좋은 자원이라는 것을 알려 주고 있다.

이렇게 바꿀래요

빗물 활용에 대한 다양한 방법들이 연구되고, 여러 가지 교육 도구들도 개발되고 있다. 하지만 여전히 많은 사람들이 빗물에 대해 부정적인 생각들을 가지고 있고, 빗물 활용에 대한 내용들도 전혀 모르고 있다. 만약 이러한 상태가 지속된다면, 지금까지 연구해 온 여러 방법들이 효율적으로 사용되지 않을 테고, 더 이상의 발전도 없을 것이다.

하지만 빗물에 대한 생각이 개선된다면 빗물 활용의 효율성은 극대화될 것이고, 빗물 활용 연구는 더 많은 발전을 이룩할 것이다. 그렇기에 우리는 무엇보다 먼저 빗물에 대한 생각을 바꿀 필요성이 있다.

우리는 설문 조사의 내용을 분석하여 많은 사람들이 초등학생 시절 얻은 정보를 통해 빗물에 대해 판단하며, 그 정보는 주로 TV나 교과서 등에서 습득했다는 결과를 얻었다. 이러한 결과를 토대로 빗물에 대한 생각을 개선할 수 있는 방안을 제안해 보았다.

1. 초등학생을 대상으로 하는 체험 활동 및 실험

설문 조사 분석 내용을 토대로 초등학생을 대상으로 활동을 하는 것이 가장 효과적일 것이라 판단했다. 그래서 초등학생을 대상으로 하는 체험 활동이나, 빗물의 산성도 실험 등을 통해 초등학생들의 생각을 개선하는 방법을 제안해 보았다.

2. 교과서 내용 개선

많은 사람들이 교과서에서 얻은 정보를 통해 빗물에 대한 부정적인 생각이 생겨났다고 대답했다. 그렇기 때문에 교과서에 빗물의 좋은 점들과 빗물을 이용해서 얻을 수 있는 효과를 추가한다면, 빗물에 대한 생각도 바꿀 수 있을 것이다.

3. TV 광고를 통해 빗물에 대한 올바른 정보 알리기

많은 사람이 TV를 시청하고 거기서 얻은 정보를 신뢰한다. 그래서 TV 광고를 통해 빗물이 더럽거나 산성이 강한 것이 아니고, 빗물을 이용하는 많은 방법과 장점이 있음을 알린다. 이것이 빗물에 대한 사람들의 생각을 개선하는 가장 효과적인 방법이 될 것이라고 생각한다.

4. 소셜 네트워크를 이용한 개선

최근 소셜 네트워크가 급속도로 확산되어 있다. 많은 정보가 소셜 네트워크를 통해서 교환된다. 이러한 소셜 네트워크를 잘 활용한다면, 빗물에 대한 부정적인 생각을 개선할 수 있을 것이다.

이런 경험이 있어요

처음에는 세 장 짜리 설문지 작성을 부탁하는 것이 부담스러웠다. '시간을 뺏는 건 아닐까?'라는 생가이 들었다. 다행히도 대부분의 사람들이 설문지를 성의껏 작성해 주었다. 심지어는 '자신의 하루 물 사용량은?' 이라는 질문에 대해 집에 가서 알아보고 작성해서 다음 날 가져오겠다는 사람도 있었다.

또 우리가 쑥스러워할까 봐 오히려 적극적으로 설문 조사에 참여해 준 사람도 있었다. 이처럼 많은 사람들이 협조를 잘해 주어서 성공적으로 설문 조사를 마칠 수 있었다. 그 과정에서 설문 조사를 할 때는 참여자의 부담을 최대한 줄이고, 설문 문항에 대해서 쉽게 설명해 주는 것이 중요하다는 것을 알게 되었다.

빗물을 이용한 환경 방음벽

지도교사 : 송금렬 (대안여자중학교)

이선경
김현선
최지영

소개할래요 (선생님이 되어 보세요)

빗물은 홍수를 일으키는 골치 아픈 존재가 아니라 하늘에서 내려준 소중한 선물이에요. 특히 물 부족 현상이 심화되어 국제적 분쟁이 일어나기도 하는 오늘날, 환경을 생각한다면 빗물을 보다 적극적으로 활용해야 해요.

그래서 우리는 도로 주변에 늘어선 방음벽을 U자 형태로 만들어 빗물을 받고, 그 빗물을 지하에 저장해 놓은 후 방음벽에 식물을 키우기로 했어요. 모아 놓은 빗물을 식물들에게 주어서 도시 환경을 자연 친화적으로 만들려고 노력했지요.

그리고 또 저장해 둔 빗물을 여름철 뜨거워진 아스팔트에 뿌려서 도로 주변에 있는 먼지들을 가라앉게 한다면 도시의 열섬 현상을 막고 냉방비를 아낄 수 있을 뿐만 아니라 쾌적한 공기를 유지할 수 있을 거라고 생각했어요.

빗물을 이용한 환경 방음벽은 도시 주변에서 발생하는 시끄러운 소리와 환경오염을 동시에 해결할 수 있고, 기존에 설치된 방음벽을 다시 사용할 수 있기 때문에 실생활에서도 사용할 수 있는 가능성이 매우 높다고 생각해요.

이제 우리 모두 도시를 자연 친화적으로 만들고 사람들이 건강한 생활을 할 수 있는 방법을 적극적으로 알아보아요!

시작했어요

　처음 빗물 프로젝트에 관한 이야기를 들었을 때, 빗물을 가장 직접적으로 이용하는 것이 마시는 물이라고 생각했다. 그래서 연못의 물을 깨끗하게 하는 생물을 이용해 필터를 만든 후 빗물의 수질을 측정해 보기로 했다. 친환경 필터를 이용하여 주변 환경에 의해 오염되기 쉬운 빗물을 마시는 물로 깨끗하게 바꾸는 방법을 프로젝트의 주제로 정하려고 한 것. 그러나 겨울에는 실험 재료를 쉽게 구할 수 없고, 여러 가지 조건을 통제하여 필터를 제작해야 하는 기술적인 어려움이 있었다.

　이후 여러 번의 아이디어 회의를 통해 '빗물을 이용하여 우리가 살고 있는 도시의 환경을 친환경적으로 조성해 보자.'라는 생각을 하게 되었다. 하지만 '환경 방음벽을 이용한 빗물의 저장과 이용'이라는 구체적인 주제를 최종적으로 선택하기까지 '빗물을 이용하여 아파트의 온도를 떨어뜨리는 장치', '도시의 주차장 시멘트 포장 일부분을 개방하는 방법' 등의 여러 가지 아이디어를 생각하고, 버리고, 수정하는 작업을 반복했다.

　우리는 기존에 나와 있는 특허 자료를 샅샅이 검색하고, 어딜 가든지 빗물을 사용하는 방법에 대해 고민했다. 그런데 시료를 얻으러 외곽고속도로를 타고 지나가던 중, 길게 늘어선 방음벽을 보고, 마침내 번쩍이는 아이디어를 생각해 내게 되었다.

　'아! 저거다!'

　그리고 방음벽만 생각했던 프로젝트를 진행하면서 빗물의 활용 방향을 확장해 갔다. '환경 방음벽을 이용한 빗물 저장', '친환경적인 도시 조성', '여름철 도시 열섬현상 줄이기', '공기를 정화시키는 방법' 등등 생각을 넓히고 직접 실험도 했다. 효과를 검증하는 과정을 새로 추가한 것이다. 우리는 이번 프로젝트를 통하여 빗물에 대해 많은 정보를 얻게 되었고, 빗물을 적극적으로 이용하자는 데 공감하게 되었다.

이렇게
모였어요

초등학교 시절부터 과학전람회와 발명, 과학 영재원 활동을 해 오고, 늘 자기 주도적으로 과학 탐구 활동을 수행해 왔던 현선이의 주도로 모둠이 구성되었다. 우리는 중학교 1학년 때부터 환경부 청소년 리더 활동과 과학 탐구 동아리 활동을 하면서 'synergysm'이라는 이름의 모둠으로 뭉쳐 있었다. 청소년 과학 탐구 토론 대회, 과학 전람회, 발명 활동 등 각종 과학 탐구 활동에 의욕을 가지고 참여했다. 그 결과 매우 훌륭한 결과를 성취하여 한국환경교육학회에 초대되어 청소년 동아리 활동 우수 사례로 소개됐고, 각종 언론과 교육방송에 청소년 과학 탐구의 롤 모델로 소개되기도 했다.

이번 대회는 우리 모둠의 활발한 활동과 역량을 높게 평가하신 과학 동아리 선생님으로부터 소개받았다.

우리들은 평소 환경과 기후 변화 문제에 대하여 깊은 관심을 갖고 있었기 때문에 빗물을 올바르게 활용한다면 기후 변화 문제를 해결할 수 있는 훌륭한 대안이 될 수 있을 거라는 판단을 했다. 게다가 한무영 교수님의 동영상 인터뷰와 저서 『빗물과 당신』을 통해 우리의 판단에 확신을 가지고 빗물을 이용할 방법을 열정적이고 창의적으로 궁리했다.

진행했어요

우리는 아이디어를 발전시키기 위해 개인적으로도 현장 조사, 아이디어 노트 작성 등 주제 탐색을 위한 생각을 멈추지 않았다. 그것을 토대로 1주일에 한 번씩 아이디어 모임을 가졌다. 이 모임에서 생각을 덧붙이거나 수정했다. 그 결과 방음벽 구조물을 이용하여 수질이 우수한 빗물을 모으고, 저장할 수 있다는 것을 알게 되었다. 게다가 U자 형태의 환경 방음벽은 관리가 쉽고, 빗물 활용도 높일 수 있다는 것을 알게 됐다. 또 방음이 잘 되고, 냉방에 소모되는 에너지를 절감할 수 있어 공기 오염 및 주변 환경을 정화하고 보전하여 도시를 환경 친화적으로 만드는 등 많은 장점이 있음을 알았다.

▲ 환경 방음벽을 위한 실험들

아이디어의 발전 과정과 제작 과정은 다음과 같다.

빗물의 활용성을 높인 U자형 환경 방음벽 → 방음 효과를 높인 굴곡이 있는 U자형 환경 방음벽 → 태양에너지와 빗물을 활용한 도시의 친환경 조성 방법

첫 번째 이야기 빗물의 활용성을 높인 U자형 환경 방음벽

우리 모둠은 현장 조사를 통해 기존 환경 방음벽이 일자형으로 배열되어 있고, 완전히 식물로 덮인 방식으로 설치되어 있다는 사실을 알게 되었다. 이러한 형태의 방음벽 구조를 U자형 곡선 구조로 변경하면 방음 효과가 높아지는 것은 물론, 빗물을 활용하여 식물에게 안정적으로 공급할 수 있는 것을 예상하게 되었다.

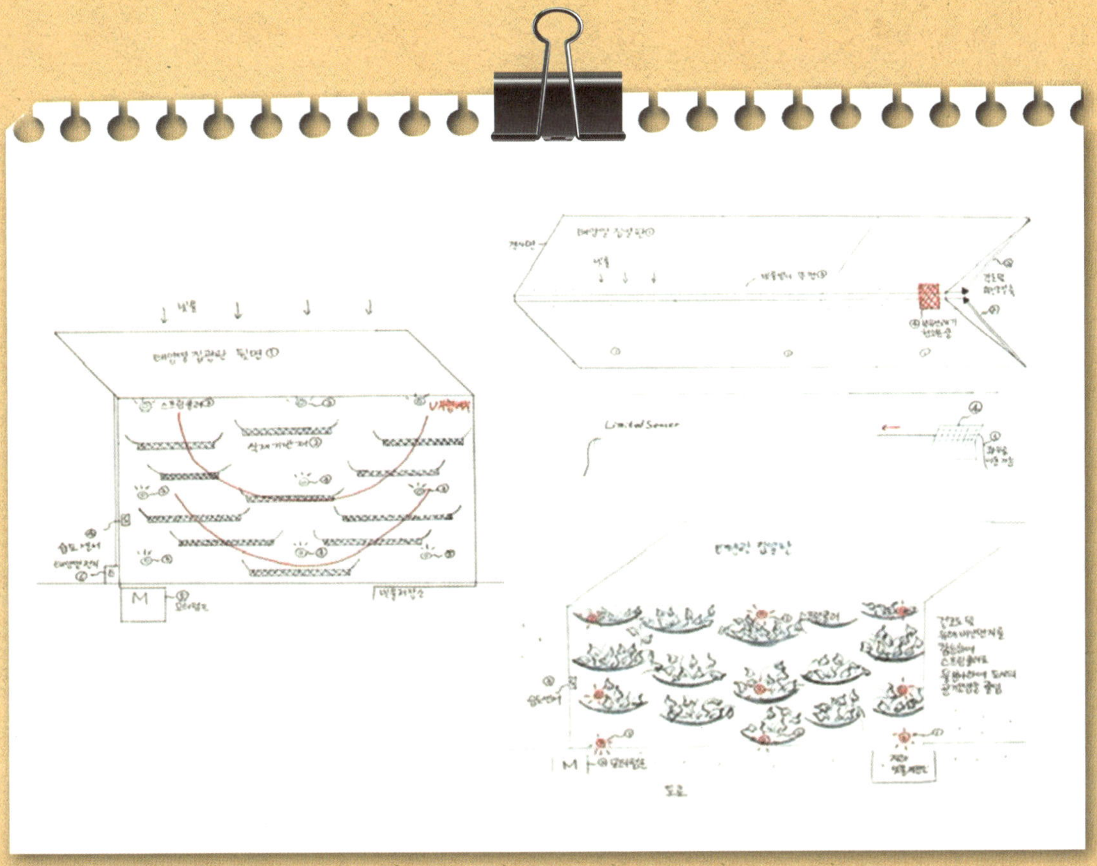

두 번째 이야기   방음 효과를 높인 굴곡이 있는 U자형 환경 방음벽

방음벽 표면에 굴곡을 만들었다. U자형의 곡선 구조를 가지고 있는 식재부*를 이용하여 관리비가 많이 드는 문제를 해결했다.

세 번째 이야기   태양에너지와 빗물을 활용한 도시의 친환경 조성 방법

빗물을 환경 방음벽 조성에 이용하는 것을 생각해 냈다. 스프링클러*를 통해 분사된 빗물로 여름철 아스팔트의 뜨거운 열기를 식혀 냉방으로 사용되는 에너지를 줄이고, 도로의 해로운 먼지를 줄여 쾌적한 도시 환경을 만드는 것에 목적을 두고 아이디어를 발전시켜 나갔다. 그리고 프로젝트를 거치면서 주위 선생님들의 조언을 적극적으로 받아들여 지구온난화와 환경오염 문제에 대하여 조금 더 적극적으로 고민했다. 그 고민을 바탕으로 아이디어를 새롭게 업그레이드했다.

• 식재부 풀과 나무를 심어서 기르는 부분.
• 스프링클러 식물을 잘 자라게 하기 위해 잔디밭에 물을 뿌리는 장치.

도서관
환경방음벽
27%
32%

어려움이 있었어요

　처음에는 규모가 큰 프로젝트를 계획했다. 그러나 시료를 구하거나 기술적인 어려움이 있어 간단한 아이디어로 바꾸게 되었다. 어떤 아이디어가 빗물의 활용도를 가장 좋게 할 수 있을지가 최대의 고민이었다. 우리 모둠은 대부분의 시간을 아이디어를 생각하는 일에 몰두했다. 친구들, 선생님들과 많은 의견을 나눴다.

　우리는 빗물을 모아서 도시의 문제를 해결하자는 포괄적인 목적을 두고 구체적인 아이디어를 내기 시작했다. 처음에 생각해 낸 것은 여름철 아파트의 바깥쪽에 빗물을 뿌려서 냉방비를 줄이자는 것이었다. 하지만 '창문을 열고 생활하는 세대가 있다면 현실적으로 실현 가능성이 있을까?'라는 의구심을 갖게 되었다.

　그리고 정원이나 아파트 주변 방음벽의 온도차를 이용하여 압력에 변화를 주는 방법을 생각했다. 그 방법을 통해 에너지를 많이 사용하지 않고 빗물을 공급해 보자는 아이디어였다. 하지만 실제 모형으로 만들기가 어려웠다. 이러한 어려움을 극복하고 결정된 아이디어가 바로 '환경 방음벽'이다.

　'빗물을 어떻게 방음벽에 공급할까?' 고민했다. 처음에는 모터를 사용하기로 했다. 그런데 모형이 커서 운반하기가 너무 어려웠다. 또 방음벽의 기능에 초점을 맞추다 보니 방음 효과를 높이는 일에 더 치우치게 됐다. 빗물 활용과는 다소 거리가 멀게 진행된 것이었다.

　우리는 모형을 작게 만들기 위해 과감하게 모터를 뺐다. 빗물 담는 곳은 페트병을 이용하기로 했다. 방음 효과와 더불어 빗물을 뿌려서 아스팔트 온도를 얼마나 효과적으로 낮출 수 있을지를 전자레인지와 프라이팬을 이용해 간단하게 실험했다. 신뢰도를 높이기 위해 여러 번 실험을 반복했다. 특히 온도를 정확히 측정하기 위해 노력했다.

　이러한 어려움 속에서도 우리 모둠은 사소한 갈등 한번 없었다. 모두 과학 동아리 활동을 열심히 하고 있고, 이 연구에 가치를 두고 애착을 갖고 있었기 때문이다.

▲ 시트지와 비닐관으로 만든 방음벽 모형

▲ 식재부의 모조 넝쿨식물

먼저 설계도를 그리고 아크릴로 방음벽 모형을 만들기로 결정했다. 발명교실에서 알게 된 박사님께 부탁드려 방음벽 바깥 부분을 만들었다. 태양열 집열판은 검은색 시트지를 붙여서 나타내었고, 빗물이 들어가는 관은 지름 1cm의 비닐관을 사용해 만들었다.

전면부의 U자형 식재부*는 작은 플라스틱 화분을 반으로 잘라서 만들었고, 식재부가 빗물을 흘려버리지 않고 효과적으로 활용하도록 U자형으로 붙였다. 그리고 식재부에 모조 넝쿨식물을 심어 환경 방음벽의 형태를 갖추었다.

주변의 온도와 습도를 감지하는 센서를 땅으로부터 1m 위에 설치했다. 여름철 온도가 올라가면 물안개가 저절로 뿌려져서 아스팔트 도로의 온도를 낮춰 줄 수 있도록 했다. 이것을 모형으로 나타내었고, 건조한 정도를 감지한 센서가 식물에 물을 공급할 수 있도록 했다. 비록 기술적인 문제 때문에 모형으로 만들었지만, 우리는 진짜로 환경 방음벽을 만드는 것처럼 기대에 부풀었고 작업 과정 역시 즐거웠다.

• U자형 식재부 U자 형태의 풀과 나무를 심는 부분.

이럴 때
기뻤어요

우리 모둠은 이번 대회를 통해 빗물에 대한 많은 정보를 얻게 되었고, 적극적으로 활용하자는 데 공감하게 되었다. 그래서 빗물을 활용하자는 메시지를 전파하는 데 앞장서게 되었다. 모둠장인 현선이는 '빗물을 활용한 산불 진화 방화수 저장 시스템 장치'를 발명했고, '부분 개방형 보도'를 만들어 전시회를 열기도 했다.

대회에 참가한 이후 어느새 우리 모둠은 '빗물 전도사'가 되어 있었다. 처음에는 의욕만 앞섰고 좋은 경험을 한번 해 보자는 생각으로 시작했는데, 아이디어를 발전시켜 나갈수록 적극적으로 문제를 인식하게 됐고, 해결해 나가려고 노력하게 되었다.

특히 프로젝트 결과 발표를 듣는 자리에서 한무영 교수님은 우리 모둠의 아이디어가 너무 훌륭하다고 하시며, 우리가 살고 있는 지역 시장님께 진지하게 건의해 보라고 격려해 주셨다. 우리의 아이디어가 현실에 반영될 수도 있을 것 같은 기대감에 뿌듯했다. 그리고 무엇보다 우리들이 큰일을 해냈고, 매우 의미 있는 일로 고민했다는 성취감이 들어 정말로 행복했다. 우리들은 아직 어린 중학생이지만 앞으로 더욱 알차게 성장하여 환경과 사회에 기여하는 훌륭한 인재가 되고 싶다.

▲ 환경 방음벽이 수상을 했어요!

이렇게
발표했어요

고등학교 모둠에 비해 실력 면에서 불리한 점이 있다고 생각했지만, 오랫동안 아이디어를 발전시켜 왔기 때문에 사람들 앞에서 발표할 때는 긴장되기보다는 신이 났다. 특히 사람들에게 칭찬을 들었을 때는 우리가 대단한 프로젝트를 완수한 것 같은 기쁨도 느꼈고, 이렇게 생각을 모으고 정리하면서 우리들의 팀워크도, 환경 문제에 대처하는 자세도 달라지는 것을 느낄 수 있었다.

이런 관계가 있어요 (빗물과 우리)

빗물에 대하여 공부하면서 우리 조상들은 예로부터 빗물을 소중한 자원으로 인식하고 있었다는 것을 알고 놀라웠다. 가장 취약한 기후 조건에서 가장 슬기로운 방법으로 빗물을 모으고 활용했던 조상들의 지혜가 우리에게도 전해져 왔다고 생각하게 되었다. 그래서 세계 여러 나라 중에서 우리나라가 빗물 활용에 가장 앞장서서 나갈 수 있다는 확신이 생겼다.

우리의 아이디어는 현재의 방음벽 구조를 낮은 비용으로 업그레이드하여 빗물을 저장할 수 있도록 하는 실용적인 제안이라고 생각한다. 방음벽을 통해 환경오염을 줄이고, 에너지 사용을 줄여 생태적인 도시 환경을 만들 수 있을 것이다. 또한 이는 사람들이 건강한 생활을 하게 도와준다는 점에서 매우 가치 있는 것이라고 생각한다. 우리 모둠의 아이디어가 실제로 지구의 많은 도시를 살리는 데 활용되기를 소원해 본다.

 이렇게
생각해요

첫 번째 이야기

 평소 기후 변화 문제와 환경 보전에 관심이 많아서 탐구 토론과 생물 자원 보전 활동을 적극적으로 실천하고 있었는데, 마침 학교 선생님의 권유로 '제1회 창의적 빗물 이용 경진대회'를 알게 되었다. 빗물을 잘 활용해 물 부족 문제를 해결한다면 기후 변화에 대비하는 매우 훌륭한 대안이 될 것이라 생각했다.

처음에는 여러 시설들을 둘러보았고, 빗물에 관련된 특허 자료들을 살펴보았다. 이 과정에서 이왕이면 우리가 살고 있는 도시를 좀 더 생태적으로 만들 수 있는 구조물을 생각해 보았다.

여러 날을 친구들과 의논하고 아이디어 노트를 채워 갔다. 그 결과 우리들만의 아이디어가 완성되었고, 모형을 제작했고, 발표도 준비했다.

창의적인 아이디어를 내는 과정은 매우 색다른 경험이었다. 긴 시간 동안 아이디어를 수정하고 덧붙이면서 공들였기 때문에 우리 스스로 작품에 대한 애정과 자부심이 생겼다.

경진대회 기간 동안 아주 재미있게 준비했고, 우정도 돈독해졌다. 무엇보다 우리 스스로 빗물을 적극적으로 활용하자는 의지를 키운 것이 뜻깊다.

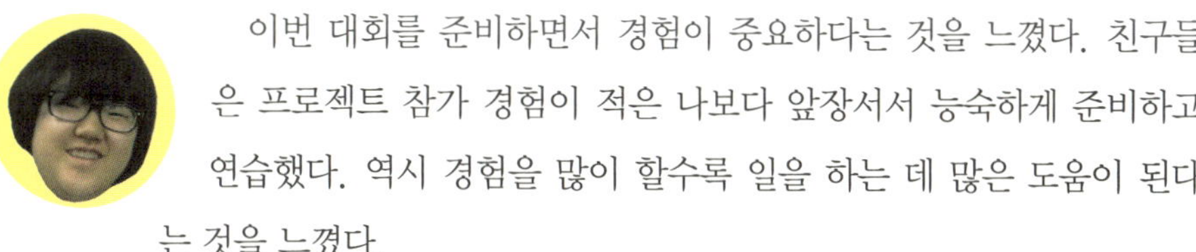

아이디어를 낸다는 것이 쉬운 일만은 아니었다. 그러나 시간이 지나고 아이디어가 구체화될수록 자신감이 생겨났고 재미있었다.

창의적인 아이디어라는 것은 일상생활 속에서 조금만 달리 생각해 보면, 나타날 수 있는 것이라고 느꼈다. 그리고 한 가지 사소한 생각을 통해 아이디어를 조금씩 보완해 가면 완벽한 아이디어가 된다는 것이 신기했다.

빗물에 대해 좀 더 자세히 조사하면서 빗물에 대해 더욱 많은 것을 알게 되었다. 프로젝트 발표를 위해 영어를 준비하면서 영어 실력도 늘었다. 이런 준비 과정에서만 무언가를 얻고 느낀 것이 아니라, 발표 과정을 통해서도 순발력과 재치를 키울 수 있었다.

두 번째 이야기

이번 대회를 준비하면서 경험이 중요하다는 것을 느꼈다. 친구들은 프로젝트 참가 경험이 적은 나보다 앞장서서 능숙하게 준비하고 연습했다. 역시 경험을 많이 할수록 일을 하는 데 많은 도움이 된다는 것을 느꼈다.

그리고 작은 생각이 큰 변화를 가져올 수도 있다고 생각하게 되었다. 차를 타고 지나다니면서 흔히 볼 수 있는 방음벽을 이용하자는 아이디어를 내고, 모형도 제작하고, 실험까지 진행했다. 한무영 교수님은 실제로 시청에 가서 환경 방음벽 설치를 건의해 보는 것이 어떠냐고 하셨다. 그 말씀을 듣고 우리 생각이 실제로 이용될 수 있다는 것을 알았다. 앞으로 이런 프로젝트에 많이 참가해서 더 살기 좋은 세상을 만들어 나가고 싶다.

이렇게 홍보할래요

언론 매체에 우리들의 아이디어를 소개할 수도 있고, 관련 기관이나 학술지에 아이디어를 제안할 수도 있을 거라 생각한다.

무엇보다 우리의 아이디어가 실제 사용될 수 있도록 지방자치단체의 책임자분들께 알리고 싶고, 서울대학교 빗물연구센터와 같은 권위 있는 연구 단체에 우리 아이디어를 소개하여 빗물을 보다 적극적으로 활용하는 데 도움을 주고 싶다.

그리고 방음벽 앞에 환경이라는 단어를 붙인 이유는 전면에 식재된 식물로 인해 도시의 환경이 자연 친화적으로 변화될 수 있기를 기대했기 때문이다. 실제로 빗물을 이용해 아스팔트의 열기를 식혀 도시의 열섬현상을 줄인다면 결과적으로 에너지를 절감하여 지구 환경을 살릴 수 있다고 알리고 싶다.

뿐만 아니라 분사된 빗물로 유해 비산 먼지를 줄여 주어 쾌적한 공기를 유지할 수 있으므로 도시인들의 생활 환경을 개선시킬 수 있다는 점 역시 부각시키고 싶다.

발표회장에서!

▲ 학생의 설명을 경청 중인 심사위원분들

▲ 모형을 발표하는 모습

빗물 연못 만들기

안호현
최재형

소개할래요 (선생님이 되어 보세요)

　　여러분, 빗물을 흘려버리지 않고 사용할 수 있는 방법이 있지 않을까요? 우리는 '어떻게 하면 너도 나도 빗물을 사용할 수 있을까?'라는 생각을 했어요. 그리고 생각 끝에 빗물로 전기를 생산하고 연못을 만드는 것을 떠올렸답니다. 혹시 물레방아를 본 적이 있나요? 물레방아는 흐르는 물의 힘을 이용해서 물레방아를 회전시킨 다음, 그 힘을 전기에너지로 바꾸는 기구예요. 우리는 이 방법을 흐르는 빗물에도 똑같이 활용할 수 있다고 생각했어요.

　　우선, 두 개의 탱크를 준비합니다. 그리고 내리는 빗물의 양을 고려해 한 탱크에 빗물을 잔뜩 모읍니다. 한 탱크에 빗물이 많이 모이면, 다른 탱크로 배수관을 통해 빗물을 흘려보냅니다. 그리고 배수관 통로에 물레방아 같은 시설을 설치합니다. 그러면 우리도 물레방아처럼 전기를 얻을 수 있겠죠?

　　그럼 전기를 만드는 데에만 빗물을 사용할까요? 우리는 그 빗물을 모아서 연못을 만들 수 있을 것이라고 생각했어요. 빗물을 한곳으로 모아 연못을 만들고, 동물들과 식물들이 살 수 있도록 환경을 만들어 준다면, 그곳을 산책하는 사람들의 마음도 행복하지 않을까요? 아마 사람들은 물고기도 구경하고 개구리도 볼 수 있게 될 거예요.

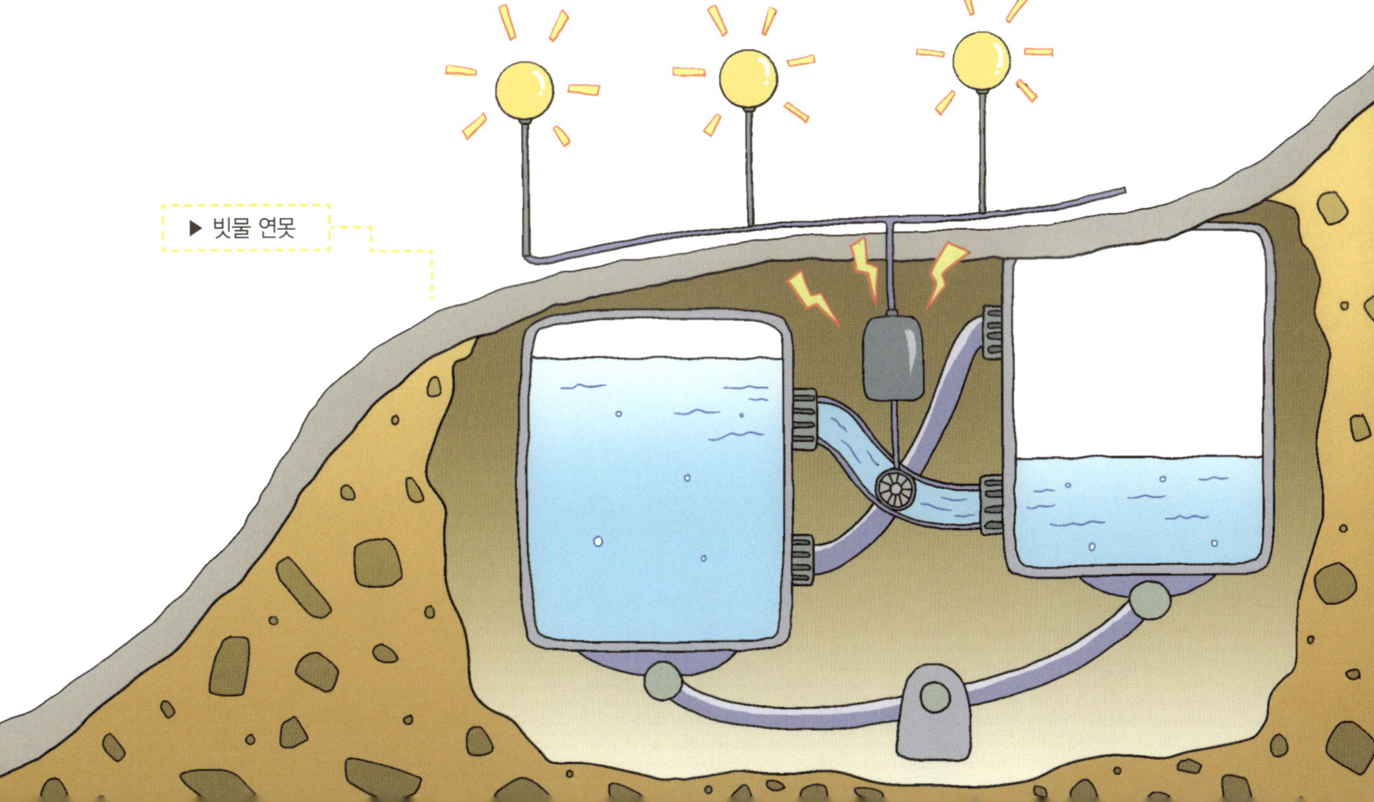

이렇게 시작했어요

　우리의 아이디어는 저울의 원리를 이용한 '수력발전'과 '생태공원 조성'이었다. 누군가는 우리 아이디어를 너무 시시하다고 생각할 수도 있다. 물론 우리의 아이디어가 남들에 비해 월등히 뛰어나거나 기발한 것은 아니다. 우리 역시 처음 시작할 때는 '아이디어를 구상해 내는 일이 그렇게 어려운 일인가?'라는 생각을 했다. 하지만 빗물에 대한 아이디어를 생각해 내기 위해 몇 시간, 때로는 하루 종일 생각에 잠겨 있기도 하면서 무언가 독창적인 주제를 발견하고, 이를 프로젝트로 만들어 낸다는 것이 정말 어려운 일임을 몸소 느꼈다.

　우선, '생태공원 조성' 아이디어는 조동길 박사님의 논문 '생태조경과 생태복원－빗물을 이용한 생태연못'과 '생태조경과 생태복원(XII)－빗물을 이용한 생태연못(1)' 두 편에서 많이 참고했다. 이 논문엔 경기도 용인시 에버랜드 내에 설치된 빗물을 이용한 생태연못 만들기에 관한 내용이 실려 있었다.

　그리고 두 번째, '수력발전'에 관한 아이디어를 얻기 위해서 물레방아나 댐과 같은 수력발전에 대한 자료를 찾아보았고, 학교 선생님들께 발전 원리에 대해 여쭈어 보았다. 또한 간이 수력발전 모형과 간이 발전기 원리 모형에 대해 실험하면서 원리를 이해하려고 애쓰기도 했다. 뿐만 아니라 지역의 정수 처리장을 방문하여 견학했으며, 그곳에서 빗물 특허를 내고 심도 있는 빗물 연구를 위해 노력하시는 송익수 선생님과의 멘토링 관계를 통해 많은 조언을 구할 수 있었다.

재형, 호현이의 이야기

고등학교 1학년 학기말, 우리는 지역공동영재발굴프로그램의 학생들이라서 영재학교에 재학 중이었다. 그때 발명영재와 인문영재를 이수하던 우리는 자연스럽게 가까워지게 되었다.

발명영재를 이수한 호현이가 빗물 관련 아이디어 부분에서도 창의력이 뛰어날 것으로 예상했기 때문에 호현이와 나는 모둠을 이루게 되었다.

열정과 창의력이 가득한 서로가 한 모둠을 이루었다는 것에 기대도 많았고, 우리 모둠이 자랑스러웠다.

하지만 모든 것이 우리의 기대처럼만 이루어질 수는 없었다. 연구 과정에서 진전이 없어 막히는 시기도 있었고, 모형을 만드느라 밤을 새야 했던 힘든 시간도 있었다.

우선 아이디어를 구상했다. 그리고 머릿속에 떠오른 아이디어를 컴퓨터를 통해 구체화시켰다. 'Google Sketch up'이라는 프로그램을 이용해서 3D 입체 설계도를 만들었다. 설계도는 우리가 직접 만든 것이기 때문에, 작품을 만들면서 발생할 문제점들까지도 생각하면서 설계도를 만들려고 노력했다. 사진은 처음에 만든 설계도이다.

▲ 3D 입체 설계도

그런 다음, 우리는 '빗물에 대한 기초 인식 조사'라는 제목을 가지고 첫 번째 설문 조사를 실시했다. 연구 활동 시작 전, 주변 사람들이 빗물에 대해 어떤 생각을 갖고 있는지 알 필요가 있다고 생각했다. 사람들이 갖고 있는 생각을 알아야 빗물 이용의 어떤 부분을 바꿔야 하는지를 더 잘 알 수 있기 때문이다. 더욱이 우리가 만들려는 모형은 결국 사람들이 사용해야 의미가 있는 것이었다.

그리하여 총 133명에게 설문 조사를 실시했다. 설문 조사 결과, 사람들마다 빗물에 대한 생각이 다르다는 것을 알게 되었다. 빗물이 굉장히 더럽다고 생각하는 사람이 있는가 하면 누군가는 빗물이 그냥 마셔도 될 정도로 깨끗하다는 생각을 가지고 있었다.

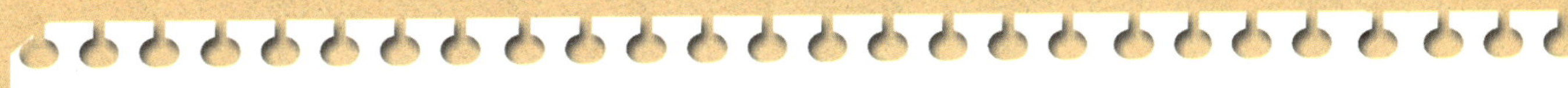

만약에 빗물이 우리가 사용할 수 있는 물이 된다면?

우리나라는 연간 강수량이 1200억 톤 이상입니다. 그 중 증발되는 약 700억 톤을 제외한 500억 톤 정도가 아무런 쓰임도 없이 강이나 바다로 흘러갑니다. 우리 주변에 버려지는 빗물에 대한 여러분들의 평소 생각을 참고하여 빗물 재활용과 관련한 자료 수집 및 물에 대한 기본적인 인식 정도를 설문으로 조사하려고 합니다. 설문에 따라 해당되는 란에 표시를 하여 주시면 감사하겠습니다.

최재형 · 안호현

※ 여러분 생각에 가장 가까운 쪽에 표시를 해 주십시오.

1. 빗물은 일상생활에 사용할 수 있을 정도로 깨끗하다고 생각하십니까?

　　① 깨끗하다　　　　② 보통이다　　　　③ 깨끗하지 않다

2. 일상생활 속에서 빗물을 재활용 할 수 있다고 생각하십니까?

　　① 사용할 수 있다　　② 사용하기 좀 그렇다　　③ 사용할 수 없다

3. 우리나라가 버려지는 빗물을 효과적으로 사용하고 있다고 생각하십니까?

　　① 사용하고 있다　　② 관심 없는 것 같다　　③ 전혀 사용하지 않는다

4. 많은 사람들이 빗물을 재활용하는 방법에 대해 잘 알고 있다고 생각하십니까?

　　① 알고 있다　　　② 알지만 실천하지 않는다　　③ 모르는 것 같다

4-1. '① 알고 있다 / ② 알지만 실천하지 않는다'를 응답하신 분은 어떤 방법이 있다고 생각하십니까? (　　　　　　　　　　　　　　　　　　　　　　　　)

5. 당신은 빗물을 재활용한다면 사용할 의향이 있습니까?

　　① 사용하겠다　　　② 잘 모르겠다　　　　③ 사용하지 않겠다

이름 : (　　　　　　　)

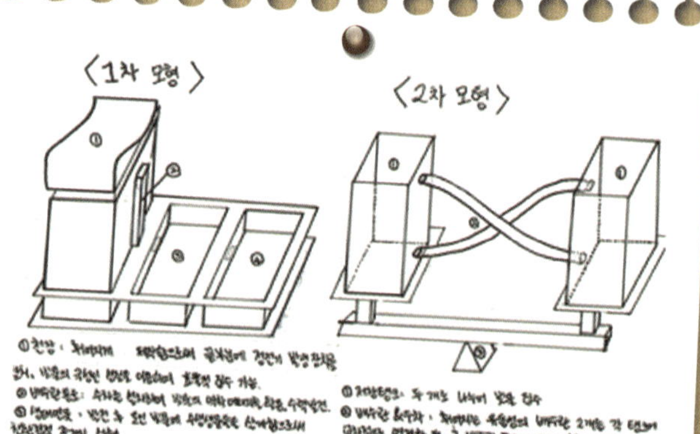

▲ 모형 제작 중

그 후, 아이디어와 원리 측면에서 많은 부족함을 느낀 우리는 지역 정수장인 '송촌 정수사업소'를 방문하여 전문가의 멘토링을 받았다. 또 그곳의 정수 처리 시설도 견학했다. 견학을 통해 우리는 빗물 아이디어와 설계를 많이 바꿨고, 더욱 효과적인 빗물 연못을 구상할 수 있었다.

모형 구상과 설계도 완성을 마치고, 우리는 아크릴을 사서 모형을 만들어 보았다.

하지만 아크릴 모형을 직접 만드는 것은 우리가 하기에는 너무 어려웠다. 전문 업체의 도움이 필요했다. 그래서 아크릴이 아닌 우드락으로 재료를 바꾸어 다시 모형을 만들었다.

연구에 필요한 자료들을 얻기 위해 관련 논문, 특허, 참고 문헌들을 찾아보았다. 그중 우리에게 꼭 필요한 부분을 발췌, 책자로 만들어서 언제든 필요한 내용을 쉽게 찾을 수 있도록 했다. 빗물 모형에 적용된 원리를 이해하기 위해 발전기 원리 모형을 학교 물리실에서 빌려 실험도 해 보았다. 그리고 정수, 수력발전, 여과 등 여러 원리들에 대한 자료를 구하여 직접 포스터 판으로 만들어 보았다.

우리의 아이디어가 어떠한지 알아보기 위해 주위 사람 133명에게 두 번째 설문 조사를 실시했다.

만약에 여러 방법으로 빗물을 사용한다면?

지도교사　　이영배

설문 조사자　최재형　안호현

◈ 아래의 지시된 빗물 이용 방안을 읽으신 후 질문에 자신의 생각과 가장 가까운 곳에 'O'표시를 해 주십시오.

빗물을 효율적으로 이용할 수 있는 방법

1. 아래로 떨어지고 흐르는 빗물의 특성을 적용하여 수차를 통한 수력발전을 할 수 있다.

2. 발전 후 모인 빗물로 친환경 생태연못을 조성하여 홍수 시 도시 내 유출용적에 대하여 저류와 침두유출량 측면에서 저감효과를 가져올 수 있다.

3. 생태연못의 일정 수위를 초과한 빗물은 저류탱크로 모여 다시 수력발전에 이용한다.

4. 저류탱크에 모인 빗물은 건물 내 스프링클러와 연결하여 방화 용수로 사용할 수 있다.

	질 문	그렇다	보통이다	아니다
1	위의 빗물 이용 방안이 창의적인 측면에서 가치가 있다고 생각하십니까?			
2	위의 빗물 이용 방안이 실용적인 측면에서 가치가 있다고 생각하십니까?			
3	빗물의 흐름 또는 낙차를 이용한 수력발전이 경제적인 측면에서 가치가 있다고 생각하십니까?			
4	생태연못 조성이 친환경적인 측면에서 가치가 있다고 생각하십니까?			
5	위의 제시된 방법들이 실용화된다면 긍정적 인식을 바탕으로 빗물을 사용하실 의향이 있습니까?			
기타 빗물 이용 방안				
조언				

이름 : (　　　　　　　　　)

※ 설문에 성실히 응해주셔서 감사합니다.

빗물연못

이런
어려움이 있었어요

첫 번째 이야기

사실 처음 우리가 하려고 했던 주제는 '빗물을 온수와 난방으로 이용할 방안에 대한 연구'였다. 하지만 송촌 정수사업소 견학 후 많은 생각을 하게 되었다. 실제로 빗물을 온수와 난방으로 이용하기에는 어렵다는 것을 알았다. 주제를 변경했다. 그리하여 '저울의 원리를 이용한 수력발전과 생태공원 조성에 관한 연구'라는 주제가 탄생하게 되었다. 하지만 이 주제 역시 현실성이 조금 떨어졌다.

프로젝트에 길이 막히고 대체할 아이디어가 떠오르지 않자 모둠 분위기는 굉장히 우울했고, 곧 다가올 발표 생각에 눈앞이 캄캄했다.

두 번째 이야기

프로젝트를 진행하면서 힘들었던 점들이 몇 가지 있었다. 우선 빗물 프로젝트에서 무엇을 어떻게 해야 할지 잘 몰라 막막했다. 또 모형을 만든 후 모형의 크기가 너무 커서 이동할 때, 어떻게 옮겨야 할지 등의 문제로 재형이와 의견 다툼이 있었다.

특히 힘들었던 점은 프로젝트 대회 발표를 영어로 해야 한다는 것이었다. 영어에 능하지 못했던 나는 발표 대본을 읽는 것조차도 너무 힘들었다. 프로젝트 대회 준비 기간 동안 우리의 발표 모습을 수십 차례 동영상으로 촬영해 녹화된 영상을 계속 관찰하며 고칠 점을 수정해 나갔다. 그리고 주위 사람들에게 부탁하여 발표회 리허설을 가진 후, 발표에 대한 충고와 조언을 들었다. 이렇게 여러 리허설 과정을 거쳤고, 영어 발음 역시 피나는 노력을 통해 교정해 나갔다.

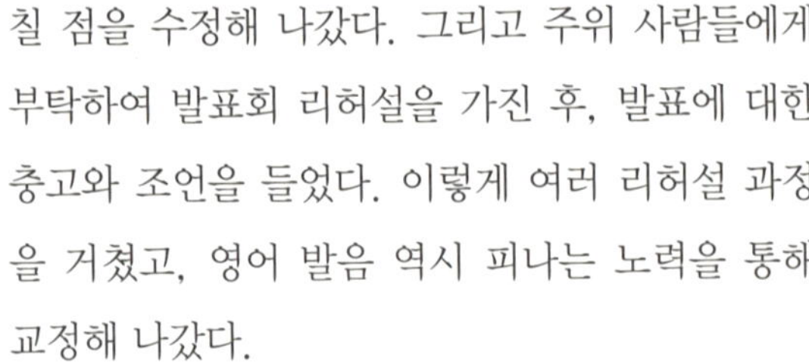

첫 번째 이야기

많은 양의 수차를 설치할 수 없었던 우리는 '그렇다면 물을 커다란 한곳에 모아 수력발전에 이용한다면 어떨까?'라는 생각을 하게 되었다. 답은 쉬웠다. 커다란 탱크에 빗물을 모은다면 일반 배수관 내에 일일이 수차를 설치할 필요 없이, 단 두 개의 수차 설치로 문제를 해결할 수 있었다.

두 번째 이야기

서울대학교 한무영 교수님의 블로그를 방문해 많은 논문을 읽어 보았다. 우리 아이디어에 맞는 자료들을 찾았고 분석을 통하여 많은 도움을 얻을 수 있었다.

모형이 너무 커서 불편했던 점은 재형이와 오랜 상의 끝에 새로운 모형을 만들기로 결정했다.

영어 발표 대본은 주위의 지인 분께서 번역하는 것을 도와주셨다. 대본을 읽고 또 읽으면서 연습했다. 발음은 인터넷을 이용하여 많은 도움을 얻었고, 영어 발표 시 유의해야 할 강세와 연음은 여러 선생님들과 친구들에게 조언을 얻었다. 반복적인 연습을 거쳐 우리는 상상도 할 수 없을 정도로 훌륭한 영어 발표를 할 수 있었다.

첫 번째 이야기

처음엔 이면지에 대략적인 도면을 그리고 치수를 기입했다. 그 모형을 만들기 위해 아크릴을 구입했지만 아크릴은 자르는 것부터 접착하는 것까지 많은 부분에서 어려움이 있었다. 그리하여 아크릴을 포기하고 대체할 만한 재료를 찾던 중에 우드락을 발견했다. 우드락은 크기가 크고, 값이 저렴했기 때문에 크기가 큰 빗물 모형을 만들 수 있었다.

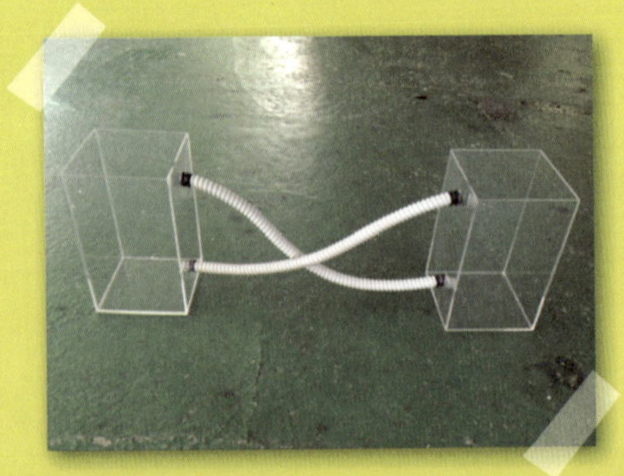
▲ 완성된 아크릴 모형

하지만 프로젝트 대회에서는 추가적으로 빗물 모형의 설계도를 구상했고, 처음 취지 그대로 아크릴을 이용해 모형을 만들고 싶었다. 호현이와 의견을 나눈 후 두 번째 모형은 아크릴 전문 업체의 도움을 받아 만들었다.

두 번째 이야기

처음 서류를 제출할 때에는 'Google Sketch up'이라는 프로그램을 이용해 3D로 작품 모형을 만들었고, 연구 계획 제안서를 작성했다. 그 다음 프로젝트 대회를 위해 만든 설계도를 바탕으로 빗물 모형을 만들었다. 빗물 모형의 재료를 우드락으로 정했고, 글루건을 이용해 모형을 만들었다.

▲ 모형을 만드는 중

이럴 때
기뻤어요

첫 번째 이야기

빗물에 대한 '주변 사람들의 기초 인식 조사'라는 주제로 설문 조사를 진행했을 때, 많은 사람들이 빗물에 대한 관심이 부족하다는 것을 알고 안타까움을 감출 수 없었다. 하지만 빗물에 대한 연구를 하는 과정에서 학교 친구들과 선생님들, 가족들이 점차 빗물에 대한 관심을 보이고 나 또한 그 과정에서 빗물에 관한 많은 지식들을 배울 수 있게 되자 가슴이 벅찼다.

내가 하는 연구가 주위의 여러 사람들에게 파급효과를 미칠 수 있다는 생각이 들자 이번 빗물 프로젝트가 정말 보람찼다.

두 번째 이야기

프로젝트를 진행하면서 순간순간 새로운 아이디어가 생각나 작품의 완성도가 높아져 갈 때마다 기쁜 마음이 커져 갔다. 그리고 프로젝트가 끝나고 지금껏 있었던 일들을 되돌아보았다. 처음 서류 접수를 할 때의 아이디어와 프로젝트가 끝난 후의 결과물들을 비교해 보니 너무 놀라웠고 기뻤다. 왜냐하면 우리만의 힘으로 장장 4개월 간 많은 발전을 했다는 것이 느껴졌기 때문이다. 지금은 실험하고 연구하는 일에 전보다 더 관심이 깊어졌다.

이렇게 발표했어요

첫 번째 이야기

처음 프로젝트를 한다고 마음먹었을 때, 아무런 기반이 없어 막막했다. 하지만 끊임없는 구상과 반복적인 연구를 통해 점차 만족할 만한 결과물을 손에 쥘 수 있었고 그것들이 발전의 디딤돌이 되어 주었다. 그리고 발표를 준비할 때, 우리의 이러한 끊임없는 연구 과정의 노력을 심사위원분들이 온몸으로 느끼실 수 있도록 아이디어와 연구 실적을 명확하게 전달할 수 있는 대본을 만들었다.

하지만 우리가 예상했던 발표와 직접 몸으로 부딪혀 본 발표는 많이 달랐다. 제한된 시간 내에 연구 결과를 모두 발표해야 했던 터라 급한 마음에 실수로 빠트린 부분이 많았다. 발표 중간에 심사위원분들의 굳은 표정을 봤을 때는 발표가 잘못된 것은 아닌지 수만 가지 생각들이 교차하여 말을 더듬기도 했다. 발표를 모두 마치고 심사위원분들로부터 아낌없는 칭찬과 격려를 듣고서야 안도의 한숨을 쉬었다. 그리고 우리의 아이디어에 대해 관심을 갖고 더 자세히 물어보실 때, 연구가 헛되지 않았다고 생각됐고 보람을 느꼈다.

두 번째 이야기

약 4개월 간 진행해 온 프로젝트를 다른 사람에게 전달
한다는 것 때문에 너무 떨리고 긴장했다. 하지만 또 그만큼
열심히 노력했기 때문에 잘할 수 있을 거라 믿었다. 발표를
하러 들어갔을 때 무거운 분위기와 무서운 교수님들을 생각
했던 우리는 깜짝 놀랐다. 우리의 생각과는 정반대였기 때
문이다. 심사위원분들께서는 웃으면서 맞이해 주셨고, 우
리가 발표할 때도 웃으면서 편안하게 들어주셨다. 질문하는
시간에도 우리에게 많은 칭찬을 해 주셔서 큰 힘이 되었다.

이런 관계가 있어요 (빗물과 우리)

우리의 아이디어는 빗물과 직접적인 관계가 있다기보다 간접적으로 관계가 있다고 생
각한다. 빗물 그대로를 이용하지 않고, 수력발전을 통해 전기에너지를 생산하여 이를 엘
리베이터, 아파트 전등 등 전력이 사용되는 곳에 효율적으로 사용할 수 있게 하는 것이기
때문이다. 이 프로젝트를 통해 우리는 빗물 역시 태양력, 파력, 수력 등과 같은 재생 가능
한 에너지로써의 효용성이 충분하다는 것을 피력하고 싶었다.

생태공원을 만드는 데도 빗물을 이용할 수 있다. 주거 집단 내에 한곳으로 빗물이 흘
러들게 하여 생태연못을 조성한 후, 그곳에 여러 수생 식물과 동물들을 살게 한다. 생태공
원 조성은 친환경적 의식이 강조되고 있는 사회 분위기에 발맞추어 빗물을 이용할 수 있
는 방안이라 생각한다.

마지막으로, 빗물의 떨어지는 힘을 이용하여 빗물을 보다 손쉽게 모을 수도 있다. 빗
물의 성질인 극성과 정전기적 인력을 활용하는 방법이다. 지붕의 모서리 부분에 정전기
발생 장치를 장착한 후 정전기를 발생시켜 극성인 빗물을 끌어당김으로써 빗물을 효율적
으로 집수할 수 있는 아이디어다. 이 방법은 넓은 범위에 내리는 빗물을 모을 때의 단점을
극복할 수 있기 때문에 빗물을 이용하는 측면에서 좋을 것이라고 생각한다.

첫 번째 이야기

대한민국의 과학도로서 모든 사물에 대해 과학적 접근을 하려고 노력하지만 사실 이 프로젝트를 진행하기 전까지만 해도 빗물은 나에게 평범하고 밋밋한 것이었다.

태풍이 왔을 때, 하염없이 내리는 비와 넘쳐흐르는 빗물을 볼 때마다 자연의 힘에 놀라움을 금치 못했다. 차와 건물이 빗물에 잠길 때는 쏟아지는 비가 원망스럽기도 했다. 사람들의 마음과 재산까지 젖게 만드는 빗물은 그때 당시엔 미울 수밖에 없었다.

하지만 평소 자연을 좋아하고 즐기는 나는 빗물이 싹을 틔우고 꽃이 피게 하는 고마운 존재라는 것도 알고 있었다. 비가 온 뒤의 촉촉한 공기와 깨끗한 느낌은 저절로 산책에 나서게 만들기도 한다. 이렇듯 프로젝트 전에 빗물은 나에게 단순한 자연의 산물이었다.

친환경 자원에 대한 필요성은 아주 오래 전부터 강조되어 왔다. 교과서나 다른 곳에서 그 사실을 쉽게 확인할 수 있다.

얼마 전, 일본의 지진을 지켜보며 안전하고 깨끗한 자원이 참 중요하다는 것을 깨달았다. 이번 프로젝트를 진행하며 그동안 쓸모없이 버려졌던 빗물을 의미 있는 에너지자원으로 바꾸었다는 생각에 기분이 참 좋았다.

이전의 빗물이 나에게 그저 자연의 현상이었다면, 이제는 사람들에게 좀 더 깨끗한 수자원을 쓸 수 있도록 해 주는 효자라고 생각한다. 앞으로 이 분야에 대해 좀 더 깊이 있는 연구가 이루어지길 바란다. 빗물은 많은 사람들에게 유용한 자원이다.

이 프로젝트를 시작하기 전에는 빗물은 더럽고 몸에 해롭다고만 생각했다. 아마도 주위 사람들로부터 '산성비를 맞으면 머리카락이 빠진다, 몸에 좋지 않다.' 등과 같은 말만 들어서 그런 건지도 모른다.

하지만 빗물 프로젝트를 시작하고 빗물에 대해 조사, 연구해 보니 빗물을 마냥 더럽다고만 생각한 내가 바보 같았다. 빗물은 꼭 신체적인 부분이 아니더라도 농업, 공업 등 무수히 많은 분야에 사용이 가능하고 꼭 필요한 수자원이었기 때문이다.

결론적으로 이번 빗물 프로젝트를 통해 빗물에 대한 나의 인식은 180도로 바뀌었다.

　　연구의 미숙함으로 인해 아직 실생활에 적용하여 검증해 보진 않았다. 하지만 수많은 모의실험을 통해 얻은 바에 따라 많은 양의 빗물을 모아 전기에너지로 만드는 것은 경제적으로 매우 좋을 것이라 생각한다. 흘러가는 빗물을 한 장소에 설치된 두 개의 탱크에 모아 다른 곳에 물을 흘려보내는 것은 계속 할 수 있기 때문이다.

　　발전 과정에서 쓰고 남은 빗물을 다시 소방 용수, 조경 용수 등으로 사용한다면 경제적, 환경적 측면에서 바라봤을 때 상당히 좋을 것이다. 비록 한 건물에서 이루어지는 그 양은 굉장히 적을지 모르나 도시 안에 많은 건물들에 우리의 아이디어가 적용된다면 그 실용성은 엄청날 것이다.

　　결론적으로 갈수록 물이 부족한 상황에 대한 우려가 커지고 있는 우리나라에서 우리의 아이디어를 통해 쓸모없이 버려지는 빗물을 이용하는 것은 경제적으로 큰 도움을 줄 것이라 확신한다.

　　그리고 아파트 단지처럼 사람들이 사는 곳에 커다란 두 개의 탱크를 만들어 놓는 것은 공간을 많이 차지하기에 지하에 묻는 것도 좋다고 생각한다. 하지만 이 방법은 돈이 많이 들지도 모른다.

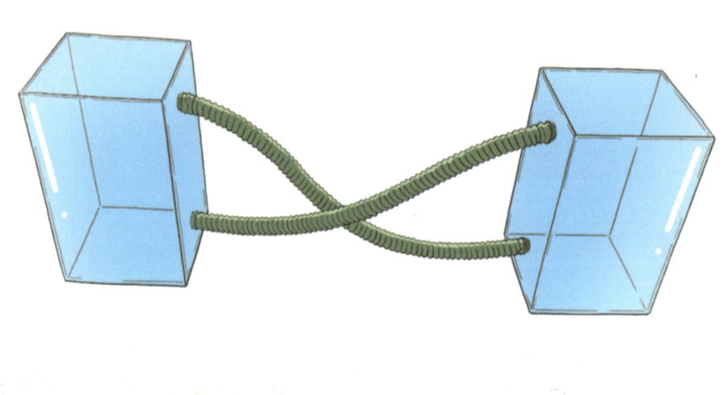

수력발전이 연속으로 이루어지기 위해서 두 개의 탱크가 필요하고, 두 탱크가 설치된 높이가 서로 달라야 한다. 탱크가 시소처럼 위·아래로 번갈아가며 움직여야 수력발전이 이루어지기 때문이다. 이러한 점에서 많은 전기가 사용될 수도 있지만 아파트에서 많은 양의 빗물을 한곳에 모을 수 있는 장점이 있다. 이러한 장점이 많은 전기가 사용되는 단점을 보완할 것으로 생각한다.

발표회장에서!

 프로젝트를 진행하면서 어떤 게 제일 신기했어요?

 빗물 프로젝트 자체가 신기하고 특별했어요. 평소에 빗물에 대한 관심이 적었으니까요.

 그럼 연구 이후에는 관심이 많이 생겼어요?

 네. 연구를 위해 이것저것 알아가다 보니까 재미있어지더라고요.

스마트
레인 빌딩

지도교사 : 정혜숙 (제천여자고등학교)

김유림
김나은
장지혜

소개할래요 (선생님이 되어 보세요)

우리 아이디어는 더운 여름날 건물에 빗물을 뿌려서 건물의 온도를 낮추도록 하는 거야. 여름철에 해가 쨍쨍하면 건물도 우리처럼 뜨거워지고 온도도 올라가거든. 그러면 건물이 약해지고 사람들에게 큰 피해를 주게 돼.

그리고 더우면 집에서 에어컨을 틀지? 온도가 올라갈수록 에어컨을 많이 사용하잖아. 그러면 지구의 온도가 점점 올라가고 환경에 심각한 피해를 줘. 다들 한 번씩 들어봤지? 지구온난화. 그게 더 심해지는 거야.

우리 아이디어는 건물의 온도를 낮춰서 사람들이 에어컨을 오래 틀지 않아도 집이 시원하도록 하고, 건물이 아프지 않게 하는 거야.

어떻게 온도를 낮추냐고? 빗물을 모아 창문으로 분사시키면 태양이 그 빗물을 데우고, 빗물이 공기 속으로 날아가면서 열을 빼앗아. 그러면서 온도가 낮아지는 거야. 이것을 기화열의 원리라고 해.

이 장치만 있으면 건물의 온도도 낮추고 에어컨 사용도 줄이고 그냥 흘러내려가는 빗물도 모아서 사용할 수 있어.

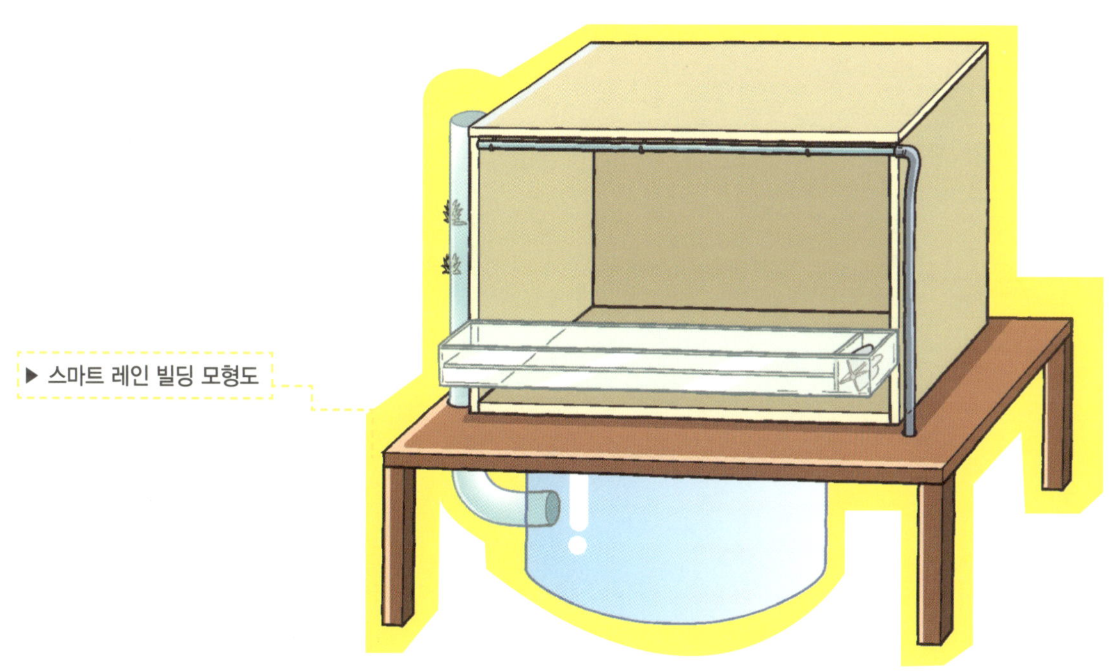

▶ 스마트 레인 빌딩 모형도

이렇게 시작했어요

주변을 둘러봐도 빗물을 이용하는 곳이 거의 없었다. 빗물 이용에 정보를 접할 수 있는 곳도 찾기 어려웠다. 일단 여름에 비가 많이 오니까 그때 빗물을 모아야겠다고 생각했다. '모은 빗물로 무엇을 할 수 있을까?' 우리는 오랜 고민 끝에 이번 여름 문제가 된 '블랙아웃 현상'을 막을 수 있는 방법을 찾기로 했다. 그래서 건물 창문에 빗물을 뿌려서 건물의 온도를 내리자는 아이디어를 냈다. 나은이의 생각이었다. 교실에서 창문을 바라보다가 건물의 온도를 높이는 요인 중 하나가 창문이란 것을 새삼 깨닫게 된 것이었다. 창문에 빗물을 뿌려서 건물의 온도를 내리자는 나은이의 아이디어에 모둠 친구들 모두 동의했다. 쉬는 시간마다 기숙사 샤워실에 모여 토의를 하며 기본 아이디어에 살을 붙여 나갔다.

> • **블랙아웃 현상** 도시나 넓은 지역의 전기가 동시에 모두 끊기는 최악의 정전 사태.

이렇게 모였어요

지혜, 나은, 유림이의 이야기

지혜와 유림이가 활동 중인 교내 과학 동아리 '작은 과학자들'로 프로젝트 공고문이 전달되어 왔다. 평소 환경에 관심이 있던 지혜와 적극적인 유림이는 곧바로 의기투합했다. 지혜와 중학교 동창인 나은이는 이번이 환경에 관심을 가질 수 있는 좋은 기회라 생각하여 함께하게 되었다.

이렇게 진행했어요

‘스마트 레인 빌딩’은 비가 오면 옥상에 고인 빗물이 파이프를 통해 지하에 있는 빗물 저장 탱크로 모이게 되고, 건물의 온도가 높아지면 저장 탱크에서 모아진 빗물을 창문으로 자동 분사시켜 건물의 온도를 낮추는 시스템이다.

1. 건물의 온도 낮추기

건물의 온도가 높아지면 자동 온도 제어장치(바이메탈)*가 전원을 조작하여 빗물을 분사시킨다. 기화열의 원리로 건물의 온도가 내려간다.

2. 불순물 처리하기

창문에 붙어 있는 먼지와 같은 불순물*을 처리하기 위해, 빌딩 아래 부분에 받침대를 설치한다. 빗물이 흘러내릴 때 불순물은 받침대로 흘러내려간다. 받침대는 두 개로 나누어져 있다. 아래쪽은 불순물이 내려가는 곳이다. 아래쪽 가장자리에 있는 프로펠러는 물을 밀어낸다. 밑에 쌓여 있던 불순물들이 밖으로 흘러나가 효과적으로 불순물을 처리할 수 있다. 불순물과 빗물이 U자관(calm-inlet)*을 통해 내려가기 때문에 불순물이 흐트러지지 않고 가라앉는다.

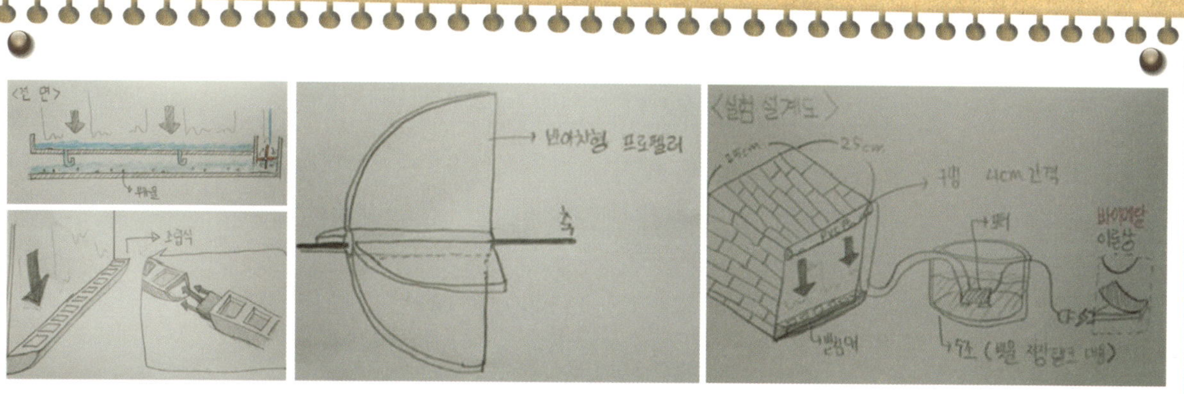

옥상을 통해 빗물을 모음 → 파이프를 통해 지하에 있는 빗물 저장 탱크로 이동 → 건물의 온도가 높아지면 모아진 빗물 자동 분사

스마트
레인 빌딩

 어려움이 있었어요

아이디어부터 건물 모형을 만드는 것까지 누구의 도움도 받지 않고 우리들끼리 진행했다. 설계를 하고 모형을 직접 만들 때가 가장 어렵고 힘들었다. 모형의 재료는 나무가 아닌 우드락을 사용했다. 그런데 물이 자꾸 새었고, 새는 곳을 막느라 손이 온통 글루건 범벅이 됐다. 게다가 우리가 접해 보지 못했던 인두, 톱, 망치, 심지어 드릴까지 사용했다. 과정은 힘들었지만 지금은 보람과 자부심을 느끼고 있다.

혼자가 아니라 모둠이 한 마음 한 뜻으로 프로젝트를 진행하는 것이라 갈등이 없었다고 말하면 거짓말이다. 겉으로 드러나는 갈등은 없었지만, 초반에 3명 모두 각자의 고민으로 힘들어 할 때가 있었다. 우리 프로젝트의 기본 틀은 나은이에게서 나온 것인데, 그 때문에 지혜와 유림이는 '내가 도움이 되지 않는 것은 아닐까? 나도 좋은 아이디어를 내야 할 텐데…….'라며 고민을 했다. 나은이는 나은이대로 자신이 낸 아이디어 때문에 스트레스를 받았다.

하지만 다 같이 모여 토의하고 모형을 만들면서 서로 가지고 있던 오해를 풀었다. 그리고 아이디어에 살을 하나하나 붙여 나가면서 자연스레 자신이 잘하는 부분을 맡아 프로젝트를 진행했다.

이렇게
이겨 냈어요

매일 3~4시간씩 시간을 투자하여 모형을 만들다 보니 노하우가 생겨 점점 작업 속도가 빨라졌다. 각자 맡은 역할도 어려움 없이 소화했다. 모형을 만들 때 인두, 글루건, 드릴, 망치 등과 같은 기구가 많은 도움이 되었다.

각자 서로 오해하고 있던 부분, 고민하고 있던 부분은 여러 번의 회의를 거쳐 아이디어의 윤곽이 잡히면서 자연스레 없어졌다.

설계, 모형 만들기, 디자인, 재료 선택까지 100% 우리 힘으로 해냈다. 맨처음 아이디어를 간단히 그림으로 그렸고, 계속하여 처음 아이디어에 살을 덧붙이며 수정해 나갔다. 우드락, 글루건, 아크릴판, 호스 등의 재료는 근처 문구점과 철물점, 인터넷을 이용해 구했다. 호스는 직접 여러 호스를 비교하여 제일 적합한 것을 골라 사용했다.

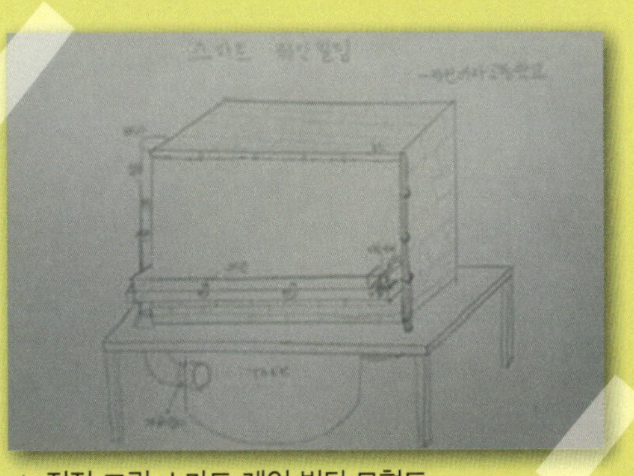

▲ 직접 그린 스마트 레인 빌딩 모형도

이럴 때 기뻤어요

첫 번째 이야기

경험을 쌓는 것만으로도 좋다며 프로젝트에 참여했는데 예상 외로 결과가 좋아서 기뻤다. 작품을 완성하기까지 산전수전을 다 겪으며 나름 힘들었는데, 발표회에서 작품이 작동하는 것을 보니 정말 날아갈 듯했다. 뿐만 아니라 우리의 작품이 인정받았다는 것과 그동안 내가 한 것이 헛되지 않았다는 생각이 들어 무척 보람찼다.

두 번째 이야기

머릿속에만 있던 아이디어가 실제 실험에서도 효과를 봤다는 것이 굉장히 뿌듯했다. 정말이지, 우리가 만든 작품이 정상적으로 작동했을 때는 너무 기뻤다. 또 그 성과를 프로젝트를 통해 인정받았다는 것 역시 행복했다.

세 번째 이야기

실험에 참여하고 결과에 따라 보고서를 작성하고, 차트를 만들었던 모든 순간이 기억에 남는다. 대회에 참가한다는 것 자체에 의미를 두었는데, 결과도 좋았다. 그 결과물이 처음부터 고생해서 만든 것이라고 생각하니 무척 뿌듯했다. 하지만 그 중에서도 건물 모형을 직접 완성했을 때가 가장 기뻤다.

이런 관계가 있어요 (빗물과 우리)

이 아이디어는 창의적 빗물 이용이라는 것을 토대로 두고 거기에 건물의 온도를 낮추자는 생각을 도입한 것이다. 일단 이 아이디어로 빗물을 이용할 수 있다는 점, 빗물이 건물의 온도를 낮춰 지구온난화 현상을 해결하는 데 조금이나마 기여할 수 있다는 점에서 빗물을 의미 있게 이용하는 아이디어가 아닌가 생각한다.

이렇게 발표했어요

발표가 다가오자 솔직히 정말 많이 긴장되었다. 모르는 사람들 앞이라서, 낯선 공간이라서가 아니라 우리가 열심히 만든 작품을 다른 사람들에게 잘 설명되지 못하면 어쩌나 하는 걱정 때문이었다. 설명을 잘하고 싶은 욕심이 있어 의도한 대로 시뮬레이션이 나오지 않으면 어쩌나 노심초사[•]했다. 프로젝트 발표 전날까지도 밤새워 연습을 했다. 영어로 발표할 때 실수도 좀 했고, 의사 전달이 조금 덜 된 부분도 있어서 전체적으로 아쉬웠다. 특히 심사위원분들의 표정에 신경이 많이 쓰였다.

▲ 스마트 레인 빌딩을 설명하는 학생들

첫 번째 이야기

대회에 참가하기 전에는 '빗물을 이용할 수도 있구나.' 정도로만 생각했다. 평소 환경에 관심이 있었지만 빗물에 관한 정보도 많지 않고 빗물보다는 다른 환경 문제에 집중했었다. 그런 내게 이 대회는 의미 있는 터닝 포인트가 되어 주었다. 빗물 이용에 대해 아무것도 몰랐기에 자료를 수집하면서 적지 않은 충격을 받았다. 우리나라가 물 부족 국가라는 것에 놀랐고 이렇게 많은 비를 그냥 흘려보내고 있다는 것에 또 한번 놀랐다. 제대로 알지 못하고 산성비라며 비를 피하기만 했던 것이 떠올라 부끄럽기도 했다.

가장 큰 변화는 환경 문제에 더 깊고 넓게 관심을 가지기 시작했다는 것이다. 어떤 한 분야, 한 문제만이 아닌 여러 문제를 생각하게 되었다. 미래에 환경과 관련된 일을 하겠다는 다짐도 했다. 지금 나는 레인 시티의 성공을 빌고, 사람들이 머지않아 빗물 이용을 낯설지 않게 인식하는 미래를 꿈꾼다.

두 번째 이야기

이번 프로젝트를 통해 빗물에 대해 자세히 알게 되었다. 가장 충격을 받았던 것은 한무영 교수님의 강의였다. 짧은 강의였지만, '빗물'이라는 위대한 자원을 왜 이제 알게 되었을까?'라는 생각과 동시에 빨리 이 프로젝트를 하고 싶다는 생각을 했다. 물 부족 국가인 우리나라가 빗물에 대한 오해를 버리고, 잘 이용한다면 더 이상 물 부족 국가에 속하지 않을 수 있다는 희망에 부풀어 있기도 했다. 한무영 교수님의 빗물 사랑은 강의를 듣는 내게 그대로 전달되었고 이 프로젝트에도 더욱 적극적으로 임할 수 있었던 계기가 되었다. 빗물은 발전 가능성이 무궁무진하다. 우리나라도 독일의 가정집처럼 빗물 이용을 일상화하기를 바란다.

세 번째 이야기

솔직히 빗물 이용에 대한 사람들의 반응이 시큰둥할 것이라고 생각했다. 또 빗물에 대해서 긍정적인 마음을 가진 사람은 별로 없을 것이라고 생각했다. 이런 생각을 바꿀 수 있도록 해 준 건 설명회에서 보았던 빗물 영상이었다. 한무영 교수님께서 정수기 3대를 놓고 실험한 촬영 영상은 빗물에 대해 가지고 있었던 편견을 없애 주었다. 또한 그 영상물은 대회를 준비하는 내내 큰 도움이 되었다.

지금은 빗물에 대한 긍정적인 측면이 많아졌다. 한무영 교수님 말씀처럼 공짜 물이 떨어지고 있는데 사용하지 않는 것은 바보 같은 짓이다. 물 부족 국가인 대한민국은 더더욱 그렇다. 우리는 빗물을 적극적으로 이용해야 하는 나라이다. 정부에서도 빗물 이용에 대한 적극적인 관심과 지원이 필요하다고 생각한다.

　사람들의 인식을 변화시키기 위해서는 무엇보다 영상 홍보물을 제작해야 한다. 설명회에서 본 다큐멘터리처럼 좀 더 교육적이고 홍보적인 영상을 만들어서 사람들이 빗물에 대한 진실을 알 수 있도록 해야 한다. 〈아마존의 눈물〉 같은 프로젝트 다큐멘터리 형식으로 만들어도 좋을 것 같다.

　또 빗물에 관한 사람들의 오해 중 하나가 빗물이 산성이라 좋지않다는 것이다. 정수물과 빗물의 맛을 실제로 비교해 보는 실험 내용을 보여 주는 것도 산성비에 대한 오해를 풀 수 있는 데 효과적일 것 같다. 빗물에 관한 체험 프로그램을 모아놓은 박람회도 아이들 교육에 도움이 될 것이라 생각한다.

　　빗물을 옥상에 모은다고 하면 자칫 옥상이나, 건물이 무거워진다고 생각한다. 그러나 승용차 2대가 들어갈 수 있는 공간만으로도 빗물을 1년 동안 충분히 사용할 수 있는을 만큼 고인다고 한다. 또 빗물을 모으는 탱크는 지하에 위치해서 빌딩이 무겁다기보다는 안정적이라는 느낌이 오히려 더 강할 것이라고 생각한다. 분사 장치 때문에 혹 무거워질 수는 있겠지만 요즘은 워낙 기술이 잘 발달해 분사 장치를 작고 가볍게 만들 수도 있지 않을까 생각한다. 또한 옥상에 고인 빗물은 바로 지하로 저장되니 크게 문제가 되지 않을 것이다.

빗물 파라솔

박동훈

소개할래요 (선생님이 되어 보세요)

우리나라는 물 관리 부족 국가이다. 그래서 새로운 물 자원 확보가 중요하다. 그 중 빗물을 사용하는 방법은 가장 똑똑한 방법 중 하나다. 그런데 많은 사람들이 빗물은 마실 수 없는 물이라 생각한다. 다른 나라에서는 빗물을 최고의 생수라 여기며 그것을 마시기도 한다.

'빗물을 조금 더 간단하고 청결하게 마실 수는 없을까?'라는 생각을 하다 이 아이디어를 떠올렸다.

빗물 파라솔은 우리 주변에서 쉽게 볼 수 있는 파라솔에 빗물 저장 장치를 더한 것이다. 빗물 파라솔은 비를 피할 수 있고, 빗물도 저장할 수 있고, 햇빛 역시 피할 수 있어 일석삼조의 효과가 있다.

시작했어요

빗물 파라솔은 기존의 파라솔에 과학적인 원리를 적용한 것으로 보다 깨끗하고, 보다 안전하게 빗물을 마실 수 있는 장치이다.

▲ 빗물 파라솔은 이런 쓸모가 있어요

처음, 빗물은 생활 용수 탱크로 흘러 들어가면서 내부 관이나 지붕에 있던 먼지, 황사를 청소한다. 빗물이 일정 양 이상 채워지면 부력●의 원리로 자동으로 탱크가 닫히고, 그 다음 흘러들어오는 빗물은 식수를 모으는 탱크로 채워지도록 설계했다.

생활 용수 탱크에 찬 빗물은 화단에 물을 주거나 물청소를 하는 등 생활에서 이용할 수 있어 효율적이다. 또 모든 탱크에 물이 가득 차게 되면 '2차 식수 탱크 내부'에서 자동으로 물이 빠져 넘치는 것을 막아 준다. 비도 피할 수 있고, 빗물을 마실 수 있고, 더운 날 햇빛도 피할 수 있고, 앉아서 다른 사람과 담소도 나눌 수 있다는 장점도 있다.

이 장치를 공원이나 사람들이 많은 곳에 설치하면 많은 사람들이 빗물에 대한 편견을 버리고 빗물에 관심을 가지게 될 것이다.

이런
어려움이 있었어요

처음에는 움직이는 모형을 실제로 만들려고 했다. 하지만 파이프, 부레, 개폐 장치, 배수관, 수도꼭지 등 실제 작동과 관련된 부품들을 구하기가 어려웠다. 철물점, 미술용품점 등 이곳저곳을 돌아다니며 구해 보려 했지만 적당한 크기와 모양을 가진 제품을 찾을 수 없었다.

또한 아크릴판이나 아크릴 파이프 등으로 만드는 것도 생각해 봤지만 초등학생인 나로서는 그마저도 너무 어려웠다.

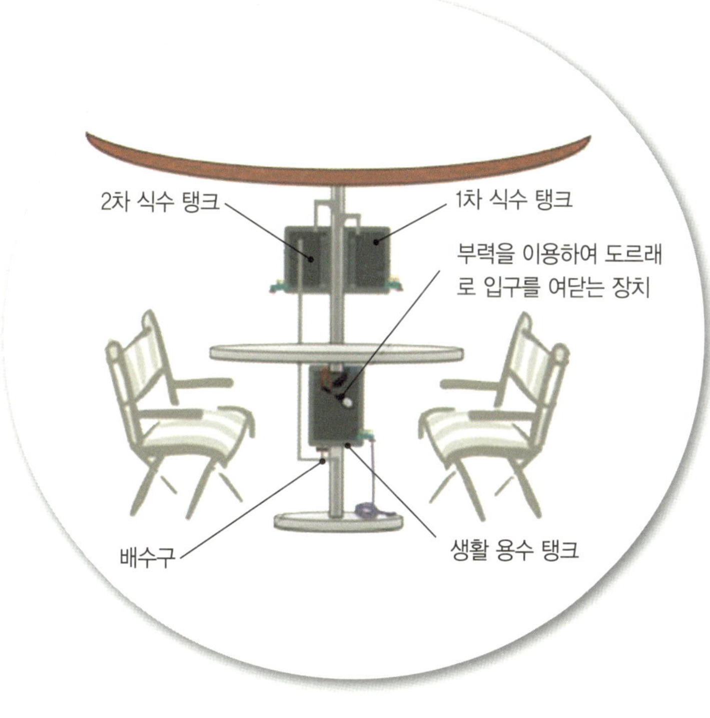

야호
대피소
휴게소
빗물 파라솔

주 민 센 터

이겨 냈어요

생각을 바꿔 우드락을 이용해서 작동되지 않는 간단한 모형을 만들기로 했다. 대신에 디자인을 보다 세련되고 실생활에 적용할 수 있게 고안했다. 계속 고민하고 고쳐 지금의 멋진 빗물 파라솔을 완성했다. 만약 실제 구동되는 작품을 만들려고 계속 고집했더라면 어떻게 됐을까? 아마 지금의 세련되고 멋진 모습의 빗물 파라솔은 탄생되지 않고, 아직도 미완성의 작품을 보며 '어떻게 고칠까? 부품은 어디서 구하지?' 등을 계속 고민하고 있었을 것이다.

적당한 부품을 구하기가 어려웠다. 아크릴 재료를 이용해 실제 작동되는 모형을 만든다는 것 역시 초등학생인 나에게는 너무 어려웠다. 결국, 우드락을 이용해서 간단한 모형을 만들었다. 대신 디자인에 많은 신경을 썼다.

▲ 직접 그린 빗물 파라솔 설계도

기뻤어요

    고쳐야 할 점이나 부족한 점을 보안할 대책을 생각해 냈을 때 가장 기뻤다.

    주위 선생님들께서는 생활 용수 탱크로 지붕이나 기둥에 있던 이물질을 씻으며 물이 내려갈 때 '1, 2차 식수 탱크'로 연결되어 있는 부분이 뚫려 있어 그 부분으로 오염된 생활 용수가 들어갈 수도 있다는 문제점을 이야기해 주셨다.

    그것을 어떻게 해결할지 생각했다. 연결되어 있는 부분의 구멍을 막았다가 물이 통에 가득 차면, 자동으로 열리는 방법을 생각해 보았다. 그 외에도 다양한 방법을 생각해 보았지만 적당한 해결책을 찾지 못했다.

    하지만 여러 날 고민 끝에 그 부분의 연결파이프[●]를 조금 확장하는 간단하고 효과적인 방법을 생각해 냈다. 지금 생각해 봐도 그때가 가장 기쁘고 보람된 순간이었다.

> ● **연결파이프** 파이프와 파이프, 즉 관과 관 사이를 이어주기 위한 또 하나의 파이프(관).

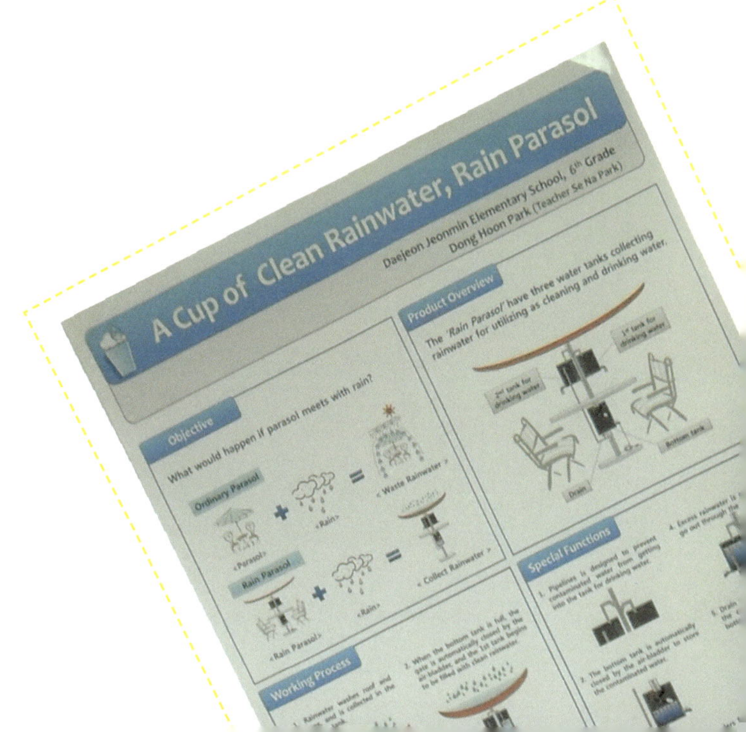

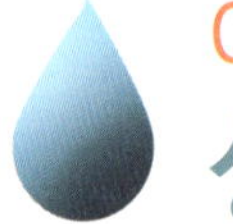

이렇게
생각해요

　한국은 물 부족 국가로 새로운 물 자원의 확보가 필요한 시기라고 한다. 그런데 한 해 동안 한국에 내리는 빗물의 양이 대략 1300억 톤으로, 그것의 1~2%만 제대로 받아도 물은 부족하지 않다고 한다. 따라서 빗물의 활용 범위를 넓히고 다양한 빗물 이용 시설을 개발하여 물 부족 국가에서 탈출해야 한다고 생각한다.

　빗물을 활용할 수 있는 방법 중 하나는 빗물을 마시는 것이다. 생수를 사 먹거나 수돗물을 끓여 먹는 요즘에 빗물을 마신다는 것이 꺼림칙하고 말도 안 되는 일일 수도 있다. 하지만 이것은 빗물에 대한 편견 때문이다.

　빗물 파라솔을 공원이나 사람들이 많이 모이는 곳에 설치하여 빗물을 직접 마시고 생활에 필요한 물로도 활용하면 빗물에 대한 인식이 좋아질 것이다. 또 빗물에 대한 편견이 사라져 빗물은 더이상 버리는 물이 아니라 일상에서 쓸모있는 중요한 물이 될 것이다.

이렇게
발표했어요

외국 심사위원분들과 영어로 질문과 답변을 주고받으니 조금은 떨렸다. 하지만 그동안 많이 생각하고 준비했기 때문에 순조롭게 나의 아이디어를 설명할 수 있었다. 심사위원분들께서 내가 생각한 아이디어에 칭찬도 해 주시고 개선점도 알려주셨을 때는 앞으로 더욱 노력해야겠다는 생각이 들었다.

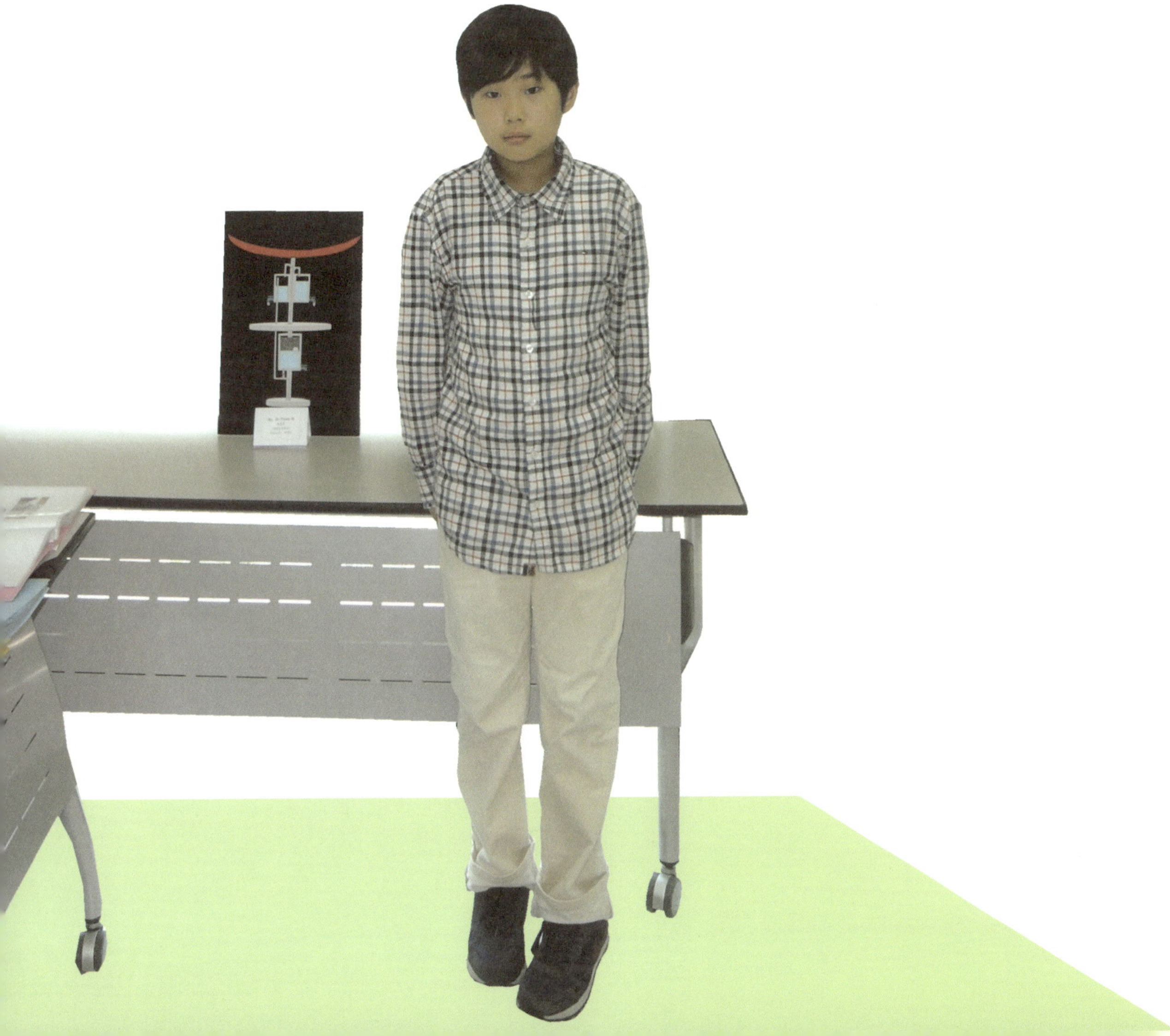

이렇게 적용할 수 있어요

　빗물 파라솔은 빗물을 저장하기도 하고 햇빛을 가려 주는 파라솔의 기능도 할 수 있으니 공원, 해수욕장, 야외 식당 등 여러 휴양지에 다양하게 설치될 수 있다. 그러면 이용객들의 호기심을 유발하고 관심을 받는 것과 동시에 매우 유용하게 사용될 것으로 보인다.

　사람들은 야외 활동을 마치고 파라솔 그늘 밑에서 잠시 휴식을 취하면서 바로 깨끗한 빗물을 마실 수 있다. 또 운동 후 빗물을 이용해 세수를 하거나 갈증을 해결할 수도 있다. 특히 빗물 재활용에 대한 안내문을 설치하면 더욱 많은 호평을 받지 않을까 생각한다.

　빗물 파라솔은 지붕 위의 먼지나 황사를 빗물로 씻어 내어 생활 용수 탱크에 저장하고 그 뒤에 받은 물을 식수 탱크에 저장해 마시는 원리이다.

　빗물의 오염 물질은 10~20ppm•으로 수질 기준 500ppm에 적합하다. 따라서 20분 이상 침전시키면 식수로 활용할 수 있다. 또 외부에 탱크가 직접적으로 노출되어 있지 않아 오염이 덜 되며 수도꼭지형 필터가 장착되어 있어 더욱 안심하고 깨끗한 빗물을 마실 수 있다. 물론 실제로 사용되기 위해서는 정말로 식수 탱크의 물이 안전한지 확실한 안전 점검을 해야 하며, 만약 부족하다면 추가로 살균 장치•나 정수 필터• 등을 설치해서 개선할 수 있을 것이다. 하지만 무엇보다 중요한 것은 사용 중 오염되지 않도록 빗물 파라솔을 철저히 관리해야 한다.

뿐만 아니라 열대 사막 지방은 매우 더워서 그늘이 필요하다. 한 번 비가 오면 많은 날이 지나야 비가 오기 때문에 빗물 저장이 필수적이다. 따라서 이러한 곳에 빗물 파라솔은 최적의 장치일 것이다.

또한 지대가 높은 산간 지방이나 깊은 산속 등 물을 뜨려면 먼 길을 걸어가야 하는 곳에서도 빗물 파라솔은 유용할 것이다.

발표회장에서!

▲ 대전고등학교 학생들의 수상을 축하해 주는 한무영 교수님

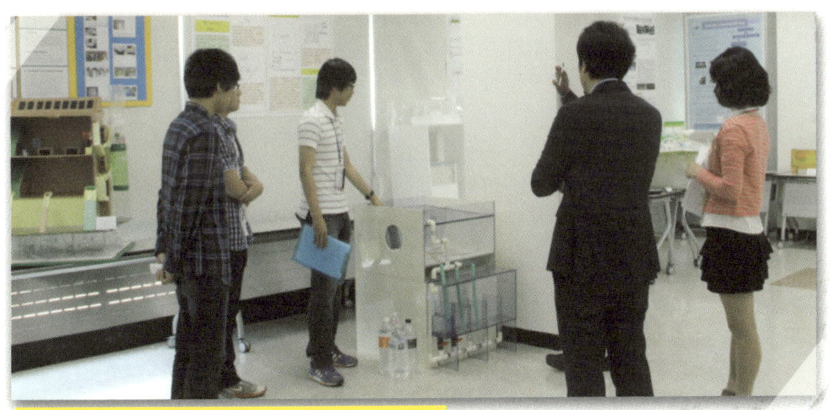

▲ 설계 모형의 원리에 대해 질문 중인 심사위원분들

 ## 참고 문헌

『프로젝트 기반학습 입문서』(2007), THOM MARKHAM 저, 노선숙, 김민경, 임해미 옮김, 교육과학사
『환경과 녹색성장』(2012), 김강석 외 공저, 녹색교육사업단

 ## 참고 사이트

한국환경교육연구소(www.keeper.or.kr)

20세기가 탄소 발생의 시대였다면,
21세기는 탄소 무발생의 시대로 가야만
합니다. 이는 선택이 아닌 필수입니다.
그렇게 하기 위해서는 빗물 이용이
중요합니다. 창의적 빗물 이용에 관한
여러분의 멋진 아이디어가 지구를 살립니다.

서울대학교와 함께하는

환경 프로젝트 우리들의 빗물 이야기 학생편

초판 인쇄 2013년 2월 15일
초판 발행 2013년 2월 22일

한무영 · 서은정 지음
펴낸이 안성호
편집 이소정 김현 강별 | 디자인 이보옥 황경실 | 마케팅 김성미
펴낸곳 리젬 | 주소 서울시 마포구 망원1동 485-14 진흥하임빌 401호
출판등록 2005년 8월 9일 제 313-2005-00176호
대표전화 02)719-6868 편집부 02)3141-6024 팩스 02)719-6262
홈페이지 www.ligem.net
전자우편 iezzb@hanmail.net

ⓒ한무영 ⓒ서은정

* 잘못 만들어진 책은 바꾸어 드립니다.

* 이 책의 무단 복제와 전재를 금합니다.

* 책값은 뒤표지에 표시되어 있습니다.

이 도서의 국립중앙도서관 출판시도서목록(CIP)은 e-CIP홈페이지(http://www.nl.go.kr/
ecip)와 국가자료공동목록시스템(http://www.nl.go.kr/kolisnet)에서 이용하실 수 있습니다.
(CIP제어번호: CIP2013000693)

ISBN 978-89-92826-95-2 43530